아시아의 맛
음식과 와인

지니 조 리 Jeannie Cho Lee MW 지음
박원숙 Wonsook Park 옮김

GASAN BOOKS

Asian Palate

Copyright ⓒ 2009 Jeannie Cho Lee
All Rights Reserved

Korean edition copyright ⓒ 2015 by GASAN BOOKS
Korean edition published by arrangement with Jeannie Cho Lee

아시아의 맛 음식과 와인

2015년 5월 25일 초판 발행

지은이 지니 조 리   **옮긴이** 박원숙   **펴낸이** 이종헌
펴낸곳 가산출판사 **출판 등록** 1995년 12월 7일(제10-1238호)
주소 서울시 서대문구 경기대로 76 / TEL (02) 3272-5530 / FAX (02) 3272-5532
E-mail tree620@nate.com

ISBN 978-89-6707-009-0 93590
ISBN 978-89-6707-007-6 (세트)

| 일러두기 |
• 외국어는 외래어 표기법에 따라 표기하였으나 예외로 내용상 다르게 표기한 부분도 있습니다.
• 지역명, 품종명, 음식명 등 외국어 표기가 필요한 고유명사와 용어는 한국어 뒤에 배열했습니다.
• 한글로 표기하기 어려운 부분은 발음대로 표기하거나 번역하지 않은 부분도 있습니다.
• 같은 외국어라도 필요에 따라 다르게 표기한 경우도 있습니다.

헌 사

음식을 음미하는 법과 조건없이 사랑하는 법,

삶을 열정적으로 살아가는 법을 가르쳐주신 어머니,

품위있고 정직하게 사는 인생이란 어떤 것인지 몸소 실천해 보여주신 아버지,

사랑하는 두 분께 이 책을 바칩니다.

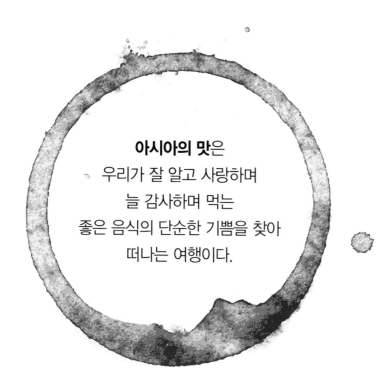

아시아의 맛은
우리가 잘 알고 사랑하며
늘 감사하며 먹는
좋은 음식의 단순한 기쁨을 찾아
떠나는 여행이다.

작가에 대하여

지니 조 리

지니 조 리(조지연)는 2010년 음식과 와인의 세계를 함께 탐구할 수 있는 웹사이트 www.AsianPalate.com을 열었다. 이 사이트는 "아시아 음식과 와인의 향연"이라고 할 수 있으며, 음식과 와인에 대한 지니의 열정을 그대로 담고 있다. 수천 종의 와인 품평을 비롯하여 아시아 음식과 와인 매칭에 대해 광범위한 데이터베이스를 제공하는 세계적으로 거의 유일한 사이트이다.

지니는 지난 20여 년간 와인에 대한 글을 써 왔다. 영국에서 출간되는 잡지 〈디캔터*Decanter*〉의 아시아 담당 고문이며, 경제지인 〈에셋*The Asset*〉의 고문도 맡고 있다. 수년간 〈와인 스펙테이터*Wine Spectator*〉와 〈레뷰 듀 뱅*Revue du Vin*〉, 〈타틀러 베스트 레스토랑*Tatler's Best Restaurants*〉에도 기고하고 있다. 홍콩의 〈사우스 차이나 모닝 포스트*South China Morning Post*〉와 중국의 〈차이나 비즈니스 뉴스*China Business News*〉, 〈와인*Wine*〉 그리고 한국과 중국의 〈노블레스*Noblesse*〉에도 칼럼을 쓰고 있다.

지니는 2009년부터 싱가포르 항공 소속 와인 컨설턴트로 모든 항로의 와인 선정을 맡고 있다. 반얀 트리 마카오와 오쿠라 호텔을 포함하는 갤럭시 마카오 리조트의 컨설턴트로 와인 리스트를 만들고, 특별 메뉴를 위한 와인 매칭과 고급 만찬을 주최하며, 50여 개의 관련 레스토랑 와인 선정을 담당했다.

지니는 뛰어난 와인 감정가이며 명 연사이다. 현재 아시아는 물론 세계적인 네트워크를 기반으로 와인 관련 교류와 산업체 등에 초빙되어 가르치고 있다. '마스터 오브 와인 협회Institute of Masters of Wine'와 '빈엑스포Vinexpo', '빈이탈리Vinitaly', '그랑디 마르끼Grandi Marchi'에서 마스터 클래스와 공개 토론회, 세미나 등을 이끌고 있다. '디캔터 아시아 와인 상Decanter Asia Wine Awards'의 공동 회장이며, '로얄 아델라이드 와인 쇼Royal Adelaide Wine Show' 등 많은 대회의 시험관으로도 활약하고 있다.

2009년에는 와인 산업에 대한 공로로 '빈이탈리 상Vinitaly Award'을 받았으며, 2011년에는 〈디캔터〉가 2년에 한 번씩 선정하는 와인 인명사전Decanter Power List의 "세계에서 가장 영향력 있는 인물" 26위에 올랐다.

지니는 와인뿐 아니라 '꼬르동 블루Cordon Bleu'의 요리사 자격증, '일본 사케 서비스 협회Sake Service Institute of Japan'의 사케 소믈리에 자격증도 갖고 있다. 가르치는 것도 즐겨 '영국 와인과 스피릿 교육 협회UK's Wine & Spirits Education Trust'와 '미국 와인 교육자 협회US Society of Wine Educators'의 와인 교육 자격증도 취득했다. 지니는 스미스대학교에서 정치학 학사, 하버드대학교에서 국제정치학 석사학위를 받았다.

추천의 글
스티븐 스프리에

유럽인들끼리는 의견이 일치하는 경우가 매우 드물다. 그러나 아시아가 다음 세대와 미래를 이끌어갈 것이라는 데는 이견이 없다. 또 아시아의 음식이 세계에서 가장 긴 역사를 지니고 있다는 사실도 수긍한다. 그러나 아시아 음식은 아직도 신비의 베일에 가려 있으며, 골목마다 다른 맛을 자랑하는 지역적인 음식으로 남아있다.

아시아 곳곳의 음식을 모두 소개하려면 성경보다도 많은 페이지가 필요할 수밖에 없다. 그러나 지니는 〈아시아의 맛〉에서 아시아 음식을 간결하게 정리했다. 음식의 재료와 조리법, 맛, 그리고 어떤 와인과 어떻게 어울리는가를 자세히 설명한다.

와인과 함께 세계를 돌아다니며 40여년을 살다보니 나는 와인을 음식과 매칭하기보다는 분위기에 따라 주문하게 되었다. 나의 부족한 개인 취향을 바로 잡으려면 지니의 와인 지식이 꼭 필요하다. 이 책에 열거한 네 가지 주제(고려 사항–각 요리의 구조와 향미, 와인 선택–요리와 어울리는 와인 스타일, 추천 와인–각기 다른 지역에서 실제로 선택할 수 있는 와인, 피할 와인–잘못된 선택을 피하는 방법)는 많은 도움이 된다. 지니처럼 경험과 능력을 갖추지 않으면 쉽게 표현할 수 없는 단순하고 솔직한 지식이다.

〈아시아의 맛〉은 요즈음 서점에 홍수를 이루고 있는 요리책들의 범주를 뛰어넘는다. 아시아 음식과 와인에 대한 포괄적인 책으로 아시아 10개 주요 도시의 음료와 음식, 역사와 문화를 아우른다. 각 지역 식문화와 고유한 맛을 처음으로 파헤치며, 각 지역마다 즐기는 안주와 전통적 요리, 코스 요리, 축하연에 어울리는 와인을 추천한다. 그리고 또 처음으로 '감칠맛'을 소개하고, 음식과 와인의 미감에 대해서도 깊이 있게 다루고 있다.

이 책은 지니 개인의 체험을 바탕으로 썼다는 점이 가장 중요하다. 각 도시의 역사와 지리, 음식과 와인 등 모두 저자 스스로의 개인적인 경험을 통해 재생되었다. 대부분의 와인이나 요리책은 독자에게 지식을 전달하고 가르치는 방식이다. 지니는 가슴 속에 간직한 많은 이야기들을 창을 열면 시원한 바람이 들어오는 것처럼 독자들에게 자연스레 주입시킨다. 이 책은 아시아의 음식과 와인 애호가들에게 진정 놀랄 만한 선물이 될 것이다.

스티븐 스프리에 Steven Spurrier
1964년에 와인 사업에 입문하여 이 분야의 아이콘이 되었으며 와인 컨설턴트이자 감정가로, 그리고 교육자와 저자로 명성을 얻고 있다. 1976년에는 유명한 '파리의 심판 Judgement of Paris' 와인 테이스팅을 주관하였다. 현재 '크리스티 와인 코스The Christie's Wine Course'의 디렉터이며 싱가포르 항공사 와인 컨설턴트, 〈디켄터Decanter〉의 고문을 맡고 있다.

감사의 글

정말 많은 분들이 이 책의 영어판과 중국어판, 한국어판을 출간하는 데 중요한 역할을 맡아주었다. 수년간에 걸친 〈에셋The Asset〉 팀의 도움과 격려에 감사하며, 특히 친구인 편집장 Daniel Yu의 끊임없는 지지는 큰 용기를 주었다. 책을 편집한 Arleen Perez의 뛰어난 조언과 지식, 편집장 Sarah Sargent의 너그럽고 전문적인 도움에 감사한다.

창의적인 디자인 디렉터 Manuel Rubio, 기술적 조언을 해준 Simon Yau, 열정으로 함께 일한 Don Rider, Alice Yu, Michael Hinc, Timothy Richardson에게 감사한다. 탁월한 푸드 스타일리스트 Riana Chow의 자세한 묘사는 음식 사진에 그대로 반영되었다. 복잡한 와인과 음식 매칭을 멋지고 친근하게 만든 디자인 팀 ChinaStylus에게 감사한다. 특히 Jay Foss Cole, Lui Yeung, Moni Leung, Fever Chu에게 감사한다.

이 책의 한국어판 출판은 박원숙 님의 열정과 결단력으로 출간할 수 있었다. 2년 전 그녀로부터 이 책을 번역하고 싶다는 말을 듣고 나는 몸이 떨리는 희열을 느꼈다. 수년 동안 나는 와인과 음식의 미묘한 감각을 이해하고 영어에서 한국어로 이를 전달할 수 있는 적합한 번역자를 찾았으나 그녀가 나타날 때까지는 허사였다. 박원숙 님은 이화여자대학교에서 영문학을 전공하고 영국 런던대학교에서 박사 학위를 받은 분으로 이 책이 한국에서 빛을 보는데 최고의 협력자가 되어주었다.

나의 멋진 가족들에게 특히 감사한다. 부모님은 언제나 도움을 주시고 남편 Joe는 나를 한없이 신뢰하며, 예쁜 네 딸 Katherine, Lauren, Christina, Julia는 어릴 때부터 와인 잔을 돌리며 향을 음미하는 법을 배우고 있다. 가까이 살고 싶은 여동생 Aimee, 나의 응원단인 남동생 Doug과 시누 Joanne, 이모 남은숙과 이모부 김기준, 그리고 한국과 미국에 흩어져 사는 가족 친척들의 도움에 감사한다.

음식과 와인 업계에서 아이디어와 도움을 주신 분들은 수없이 많다. 이들의 이름을 모두 열거할 수는 없지만 각 도시별로 조언을 주며, 특히 아시아 음식과 와인을 탐구하는 나의 여정에 중요한 친구가 된 분들을 꼽아 보았다. 이 책의 마지막 페이지에 도움을 주신 분들의 이름을 적었다.

역자의 글

서양 사람들이 와인과 함께 식사를 하는 이유는 무엇일까? 나는 유학 시절 지도 교수님 댁에서 처음으로 와인을 마셨다. 가끔 식사에 초대해 주셨는데 음식은 영국식 로스트 비프와 삶은 감자, 야채 등 별 맛이 없었다. 그러나 와인은 꼭 나왔으며 후식으로는 케이크를 정성껏 구워 대접하셨다. 지구 반대편에서 온 유학생 가족에게는 성찬이었지만 외국어로 대화를 이어가야 하는 저녁 식사는 긴장의 연속이었다. 그러나 와인을 한잔 마시면 말문이 트이고 웃을 수도 있었다.

〈아시아의 맛〉은 아시아인들이 식탁에서 가족이나 친구와 함께 와인을 즐길 수 있게 하려는 목적으로 쓴 책이다. 한국에서도 삼겹살과 소주, 파전과 막걸리 등 특정 음식과 술의 완벽한 조화를 찾을 수 있다. 아시아 음식과 와인이 어울리지 않는다는 선입견이 있지만, 한국 음식과도 잘 맞는 와인이 있다. 다만 한국에 주로 수입되었던 와인이 레드와인 위주였고 타닌이 강한 경우가 많아, 일상적으로 먹는 짜고 매운 한국 음식과 잘 맞지 않을 뿐이다.

한국 음식의 종류가 많은 만큼 와인의 종류도 많다. 품종에 따라 고유한 맛이 있으며 지역과 양조법에 따라서도 달라진다. 레드나 화이트 또는 스파클링 와인 등 다양한 와인 중에서 아시아 음식과 어울리는 와인을 찾기는 어렵지 않다. 지니는 이를 찾는 여정을 〈아시아의 맛〉에 고스란히 옮겨 놓았다. 아시아 음식과 와인 매칭은 지니처럼 아시아인의 특별한 미각과 와인에 대한 깊은 연구, 그리고 세계 각지의 음식과 와인에 대한 경험이 없으면 쓸 수 없는 책이다.

〈아시아의 맛〉은 음식을 체계적으로 공부하지 못한 나에게는 어려운 책이었다. 그러나 이 책을 통해 음식을 음미하게 되고, 더 넓은 맛의 세계를 알게 되었다. 아시아 각 도시의 음식을 함께 맛보며 지식을 나누어주신 진정한 미식가 전인수 님과, 낯선 음식을 찾아 자료를 준비해주신 좋은 친구 이현숙 님께 진심으로 감사드린다.

원고를 교정해 준 남편 구대열과 바쁜 중에도 책에 젊은 감각을 보태준 딸 하원, 그리고 성원해준 가족들에게 사랑을 보낸다. 아시아 각 도시의 역사 문화에 대한 조언을 해 준 오빠 박원호, 멀리 미국에서도 늘 관심을 갖고 도와준 동생 원희에게도 특별히 감사한다. 부족한 점이 많지만 지니의 역작을 한국에 소개한다는 기쁨으로 이 일을 감히 시작했다. 독자들의 많은 충고와 가르침을 기다리며 글을 맺는다.

차 례

나는 와인을 사랑하기 오래 전부터 이미 음식과 사랑에 빠져 있었다. 어릴 때부터 신선한 재료로 맛난 음식을 해주시던 어머니의 손맛에 감탄했으며, 어머니는 지금도 슈퍼마켓에서 판매하는 포장된 참기름보다 바로 짠 참기름을 사용하신다. 대학 시절 빠듯한 주머니 사정에도 나는 특별한 레스토랑을 찾아다니며 맛있는 음식을 먹는 즐거움은 포기하지 않았다. 식도락은 요리를 배우고 싶은 열정으로도 이어져 요리학교를 다니며 행복을 누려보기도 했다.

20여 년 전부터 나는 늘 와인과 함께 식탁을 차렸다. 나는 한국과 일본, 타이, 페라나칸에서 살았으며 말레이시아에서도 2년을 지냈다. 식사는 대부분 매콤하고 풍미가 강한 아시아 음식을 먹는다. 숟가락과 젓가락 소리를 내며, 찌개 그릇을 가운데 놓고 함께 나누어 먹는 한국의 식탁은 포크와 나이프를 조심스레 사용하는 서양 식탁과는 정말 다르다. 아시아 음식이 와인과 어울리지 않는다고 하지만, 나는 가족적이며 따뜻한 식탁에서 아시아 음식과 와인을 마실 때를 가장 즐기며 소중하게 생각한다.

와인과 요리를 배우며 수많은 와인과 음식 매칭의 예를 외우면서, 나는 서양 이론이 아시아 음식과는 잘 맞지 않는다는 생각을 하게 되었다. 아시아 음식은 지역마다 특색이 있고 접시마다 맛이 달라진다.

아시아 고유의 다양한 향미는 아시아인이 아니면 잘 알지 못한다. 따라서 아시아 음식과 어울리는, 아시아인을 위한 새로운 와인 매칭의 패러다임을 만들어 보고 싶었다. 이 책에서는 아시아 10개 주요 도시의 대표적 음식을 소개하고 와인 매칭의 예를 보여준다. 전통 술에 대한 관심도 갖게 되어 아시아 음식과 술의 역사와 문화적 진화도 간단히 다루었다.

전통적으로 아시아에서는 식사를 하면서 물이나 다양한 종류의 차를 마신다. 명절이나 결혼식과 같이 특별한 날에는 곡주를 빚기도 했지만, 식사 전이나 후에 마시는 경우가 더 많았다. 소주나 사케는 음식의 맛을 보완하고 상승시키기보다는 식사 중 기분을 돋우려고 마신다. 아시아인들이 선호하는 맥주는 비교적 값이 싸고 쉽게 살 수 있기도 하지만, 시원하게 입을 씻어주는 미감으로 아시아인의 인기를 끌어온 것 같다.

위쪽: 공기 밥　오른쪽—시계 방향으로: 서울의 밤, 생선 찜, 새우 찜, 마늘 고추 간장 소스, 봄베이식 야채 요리, 생선 회, 중국식 야채 볶음

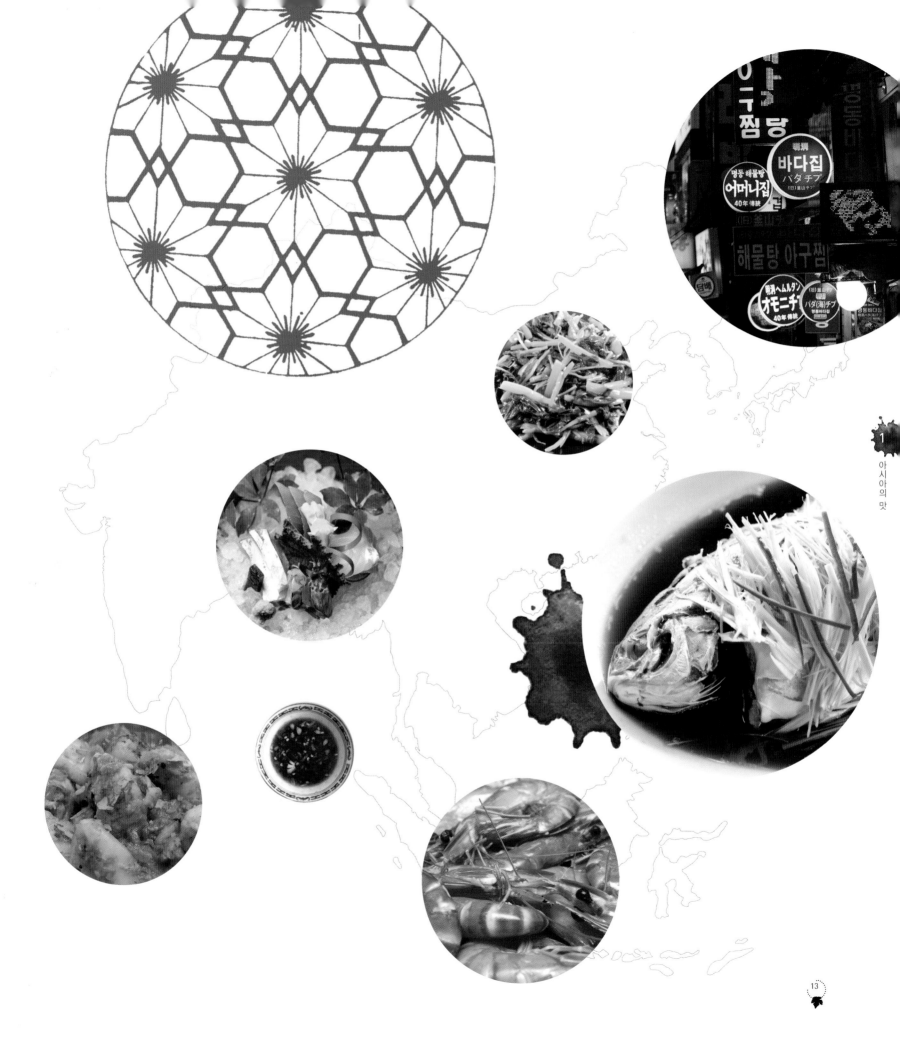

알코올 음료의 역할

아시아에서는 수천 년 전부터 곡류와 과일로 술을 빚어왔다. 중국 하남Henan에서 발굴된 도자기 파편은 적어도 기원 전 8천년대에 알코올 음료를 보관했던 흔적을 보여준다. 유럽 종 포도 비티스 비니페라vitis vinifera는 2천여 년 전 중국 한 왕조 때 전래된 것으로 보여진다. 인도에는 기원 전 3백년경 페르시아 상인들이 갖고 온 것으로 알려졌다. 아시아에서도 오래 전부터 포도를 재배하였으나, 주로 다른 과일들과 섞어 술을 빚었다. 포도만으로 와인을 만들게 된 것은 비교적 최근의 일이다.

중국어로 와인wine은 포도주putaojiu라고 하지만, 이는 순수하게 포도만으로 만든 술을 뜻하지는 않는다. 와인을 이야기할 때는 오히려 홍주hongjiu가 더 정확한 표현이다. 중국인들은 대부분 포도주와 홍주를 같이 사용하여 와인을 중국어로 번역할 때 분명하지 않게 된다. 화이트와인은 백주baijiu로 번역된다. 그러나 중국 고유의 백색 또는 투명한 술도 백주이기 때문에 더 혼란스럽다. 한국인들은 발음 그대로 와인이라고 쓰고 포도로 만든 술만을 와인이라고 한다.

중국, 인도 등 아시아 주요 국가에서는 대부분 곡류로 만든 술을 마셨으며, 와인에 관심을 갖게 된 것은 30~40년밖에 되지 않았다. 중국에서는 밀과 쌀을 발효시켜 만든 황주huangjiu가 대중적이며, 고급 황주는 항아리에 수년간 숙성도 시킨다. 지역에 따라 백주도 사랑받는 술로 알코올 도수가 55퍼센트이며 황주(20퍼센트 이내)보다 훨씬 높다.

맥주는 백여 년 전에 유럽에서 수입되면서 아시아에 급속히 보편화되었다. 현지 생산이 늘어나며 일본의 기린Kirin, 홍콩의 산 미구엘San Miguel, 칭타오Tsingtao, 싱가포르의 타이거Tiger 같은 거대 회사의 맥주가 동남아 시장을 잠식했다. 맥주는 비싸지 않고 쉽게 구할 수 있으며 알코올 도수도 낮아, 일상 알코올 음료로 아시아 식탁에 안전하게 자리잡았다.

아시아의 부유한 도시에서는 술을 마시는 습관이 일반적으로 양분되는 경향이 있다. 식사중에는 맥주나 전통술을 마시고 식후에는 와인이나 칵테일, 맥주, 위스키 등 다른 종류의 술을 식사와 관계없이 마신다. 이런 경우에는 가벼운 스낵이나 과일 등이 주로 나온다. 그러나 최근에는 와인이 만찬이나 축하연 등 식사와 함께 등장하는 새로운 문화가 나타나고 있다.

술은 사교적인 모임에서 윤활유 역할을 한다. 와인도 이런 시각에서는 사회적 관계를 만드는데 도움이 되는 술로 여겨질 수 있다. 그러나 요즘에는 가정에서도 와인을 마시며, 식사와 함께 와인을 즐기는 분위기가 일상화되고 있다. 또 와인을 이해하고 감상하며, 병에 담긴 와인의 가치를 음미하는 애호가들도 점점 늘어나는 추세이다.

음식의 다섯 가지 맛 The 5 S's

	매운맛 Spicy	단맛 Sweet	신맛 Sour	짠맛 Salty	그을린 맛 Smoky
음식 맛	Ⓢ	Ⓢ	Ⓢ	Ⓢ	Ⓢ
와인	상큼한 와인 과일향 와인	단맛이 있는 와인 대조되는 와인	신맛이 있는 와인 대조되는 스위트 와인	화이트와인 타닌이 낮은 레드와인	풍미 있는 와인 과일향 와인

와인과 아시아 음식

아시아 전통술은 약초나 향을 첨가하지 않으면 대부분 중성적인 맛을 지녀 음식과 무관하게 마실 수 있다. 그러나 와인은 향미가 개성적이며 스타일도 층층이 많다. 따라서 음식과 매칭할 때는 와인의 다양한 성격에 대해 깊은 이해가 필요하다.

음식과 와인 매칭의 목적은 기본적으로 다음 세 가지 중 하나라고 할 수 있다.

보완complement
와인이 음식의 맛을 해치거나 지배하지 않고 조화를 이루며 음식 맛을 돋보이게 한다.
예: 스파이시한 육류 찜과 스파이시한 풀 바디 레드와인

대조contrast
기름지면서 단 음식이나 새콤하면서 단 음식, 또는 매우면서 단 음식 등 상반 되는 향미를 함께 지닌 음식은 와인 매칭이 까다롭다. 오크 향이나 타닌이 강한 와인 또는 당도가 높거나 과일향이 짙고 과감한 성격의 와인은 미묘한 아시아 음식의 향미를 완전히 짓누를 수 있다.
예: 매운 양념 튀김 치킨은 이와 향미가 대조되는 오프 드라이off dry(약한 단맛), 또는 미디엄 스위트medium sweet(중간 단맛) 와인으로 상생할 수 있다.

동반accompany
와인이 음식 맛을 거슬리지 않고 오히려 배경이 된다. 음식의 무게에 맞는 바디와 알코올 도수를 지닌 와인을 선택한다.
예: 딤섬과 라이트 바디의 피노 누아Pinot Noir

아시아 음식과 와인을 매칭하려면 새로운 패러다임이 필요하다. 서양 식사처럼 주 요리가 하나인 경우에는 와인을 선택하기가 비교적 쉽다. 그러나 한국의 전통적 가족 식사는 밥 한 공기에 열 가지나 되는 반찬이 함께 나온다. 맵고 마늘 냄새가 나는 발효된 김치도 꼭 같이 먹는다. 나물과 향미가 진한 육류, 생선과 해물, 국, 짜고 매운 밑반찬 등이 한 상에 오른다. 이런 식탁에 맞는 와인은 그야말로 다양성이 있는 와인이라야 한다.

아시아 음식과 와인의 완벽한 매칭은 이상에 불과하지만, 조화를 이룰 수는 있는 가능성은 항상 열려 있다. 아시아의 와인 애호가들이 중요하게 생각하는 음식과 와인 매칭의 기본 요소를 다음 네 가지-다양성versatility, 감칠맛umami, 강도intensity, 품질quality-로 분류해 보았다.

다양성	여러 종류의 스파이스와 양념 등의 향미를 포용할 수 있는 다양성이 있는 와인을 선택해야 한다. 1장에서는 아시아 음식에 어울리는 일반적인 와인 리스트를 소개하고 나머지 장에서는 각 도시 별로 자세히 소개한다.
감칠맛	대부분의 아시아 음식에는 감칠맛이 필수적인 요소이다. 감칠맛과 어울리기 위해서는 와인의 질감이 부드러워야하므로 와인의 질감이 지표가 된다.
강도	향미의 강한 정도를 말한다. 일본 음식은 미묘하고 조용하기 때문에, 외향적이며 도전적인 와인보다는 부드럽게 감싸는 듯하는 와인이 좋다.
품질	음식과 와인 매칭의 적합한 방법으로 품질을 고려하는 것도 좋은 지침이 된다. 질 좋은 신선한 재료로 세련되게 만든 음식은 당연히 고품질의 세련된 와인과 잘 어울린다.

전통적으로 아시아에서는 음식의 향미를 보완하거나 상승시키기 위해 술을 마시지는 않았다. 음식과 술의 '완벽한 매칭'이라기보다는 서로 크게 부딪치지 않는 다양성과 조화를 중요시한다고 할 수 있다. 또 입맛을 돋우고, 식사중 입가심으로 미각을 새롭게 하거나, 맵거나 짠맛을 씻어주는 목적도 있다.

유럽에서는 한 지역의 음식과 그 지역에서 생산되는 와인이 잘 어울려 식사 분위기를 고양시키기도 한다. 그러나 아시아에서는 이런 이상적인 만남보다는 모나지 않는 와인을 찾을 수밖에 없다. 와인이 겉돌지 않고 음식 맛을 방해하지 않으면 괜찮은 만남이다. 아시아 음식과 맞는 '완벽한 매칭'은 무난함이라 할 수 있다.

- 식초가 들어간 음식에는 산도가 높은 와인을 선택해야 한다. 신맛은 산미가 강한 와인과 잘 어울린다.
- 고추가 들어간 매운 음식은 신선한 산미를 지닌, 입을 시원하게 씻어주는 와인이 좋다.
- 강한 향미의 음식은 비슷한 강도의 과일향이나 강한 풍미의 와인으로 보완하거나, 달고 신선한 산미가 있는 대조되는 와인을 선택해야 한다.
- 약간 쓴맛이 있는 음식에는 오크 숙성한 화이트와인이나 타닉tannic한 레드와인이 좋다.
- 세련된 감칠맛의 음식은 질감이 부드럽고 흙내를 지닌 숙성된 레드와인과 잘 어울린다.
- 섬세한 질감의 음식은 더 섬세하고 바디가 가벼운 와인을 선택해야 한다.
- 스파이스가 강한 음식에는 타닌이나 알코올이 강한 와인을 피해야 한다. 음식이 더 맵고 짜게 느껴진다.

개요

우선 음식과 와인 매칭에 대한 일반적인 접근 방식을 그려보자. 아시아 음식에 와인을 매칭하려면 먼저 음식의 무게와 향미의 강도를 가늠해본다. 와인이 음식의 향미를 어떻게 변화시킬지 또는 음식이 와인에 줄 영향 등을 생각한다. 아시아는 다양한 양념으로 조리한 여러 가지 음식을 한상에서 나누어 먹는 식문화이다. 이런 식탁에는 서양처럼 주 요리 하나에 맞는 와인보다, 음식 본래의 향미를 해치지 않으며 대부분의 요리와 무난히 어울리는 와인을 찾아야 한다. 다음은 다섯 가지 고려해야 할 사항이다.

1. 품질을 생각하자. 고품질 음식은 고품질 와인과 어울린다.

2. 장소와 분위기는 음식과 와인에 영향을 준다. 멋진 만찬에는 고급 와인이, 야외에서 하는 파티에는 일상 와인이 어울린다.

3. 산미가 살아있는 상큼한 와인은 거의 모든 아시아 음식과 잘 어울린다. 서늘한 지역이나 기후대의 와인을 택하면 무난하다.

4. 아시아인이 즐기는 감칠맛이 강한 음식에는 오래 숙성된 레드와인이 음식 맛을 상승시키고 보완한다.

5. 온도가 중요하다. 뜨거운 음식에는 최적 온도보다 좀더 차게 식힌 와인이 좋다. 와인의 서빙 온도가 낮을수록 시원하게 느껴진다.

감칠맛이란?

감칠맛umami은 일본 용어이며, 짠맛과 신맛, 단맛, 쓴맛에 이은 제5의 맛으로 널리 알려져 있다. 일본 도쿄 제국대학의 이케다 키쿠나에Ikeda Kikunae 교수가 1907년에 발견했으나 2000년에 와서야 혀의 맛 봉오리에서 감칠맛을 느끼는 수용체를 확인하게 되어 인정받게 되었다. 감칠맛은 자체의 뚜렷한 향미보다는 미묘하게 퍼지며 다른 향미를 감싸 깊이를 준다. 단백질의 아미노산에서 유리된 글루탐산으로 파마산 치즈와 토마토 소스, 육수 등에 많이 들어 있다. 또한 미역이나 버섯, 간장, 치즈 등에 자연적으로 생긴다. MSG(Monosodium glutamate)는 감칠맛을 주는 인공 감미료로 아시아에서는 아지노모토, 미원으로 불린다. 20세기 초반에는 각광을 받았지만 1960~70년대에 건강에 좋지 않다는 보고서가 발표되면서 사용이 줄었으나, 해로운 식품은 아니다.

와인의 세계

와인의 세계는 포도 품종도 많고 스타일도 다양하여 매우 복잡하게 보인다. 그러나 이를 몇 개의 영역으로 나누면 쉽게 익힐 수 있다. 중복되는 경우도 있지만 우선 레드와인과 화이트와인의 종류를 10개의 범주로 나누어 보자. 예를 든 와인은 포괄적이기보다는 각 범주를 대표할 수 있는 와인이다.

화이트와인

가볍고 신선한 화이트
알코올 도수가 높지 않고 라이트 바디이며 감귤류 또는 미네랄 향이 난다. 허브나 꽃 향이 더해지기도 하고 상큼한 산미가 있다. 북부 이탈리아, 프랑스, 중부 유럽의 서늘한 지역에서 생산되며 가볍게 마실 수 있다.

- 이탈리아–소아베Soave, 오르비에토Orvietro, 피노 그리조Pinot Grigio, 북부 이탈리아 화이트
- 프랑스–샤블리Chablis, 뮈스카데Muscadet, 피노 블랑Pinot Blanc
- 포르투갈–비뉴 베르드Vinho Verde
- 독일–리슬링 카비넷트Riesling Kabinett

생기 있는 풀 향 화이트
더운 여름날에 잘 어울리는 와인으로 시원한 산미와 과일향이 있다. 소비뇽 블랑이 대표적이며 특히 뉴질랜드 산이 강한 개성을 나타낸다.

- 프랑스–부브레Vouvray, 상세르Sancerre, 푸이퓌메Pouilly-Fumé, 루아르 밸리 화이트
- 신세계–오크 향 없는 소비뇽 블랑
- 호주–헌터 밸리Hunter Valley 세미용Semillon
- 남아공–오크 향 없는 슈냉 블랑Chenin Blanc

향기를 지닌 아로마 화이트
섬세하며 향이 깊은 와인부터 풍만하고 유질감이 있는 스타일까지 층층이다. 풀 바디 아로마 화이트로는 론 밸리 비오니에와 스파이시하며 리치 향이 가득한 알자스 게뷔르츠트라미너가 있다. 리슬링은 바디가 가볍고 다양성이 있다. 독일 리슬링은 가볍고 파삭하며 향미가 섬세하며, 알자스나 호주처럼 온화한 지역에서는 바디가 강해지며 강한 흰 꽃 향 또는 라임 향이 난다.

- 프랑스–뮈스카Muscat, 피노 그리
- 프랑스, 신세계–비오니에Viognier
- 프랑스, 중부 유럽–게뷔르츠트라미너Gewürztraminer
- 스페인–알바리뇨Albariño
- 아르헨티나–토론테스Torrontes
- 프랑스, 독일, 오스트리아, 신세계–리슬링Riesling

음식과 잘 어울리는 미디엄 바디 화이트
전 세계적으로 폭 넓게 재배되는 화이트 품종으로 알코올 도수는 적당하거나 약간 높고 음식과 잘 어울린다. 오크 숙성을 전혀 하지 않거나 가볍게 한 샤르도네, 또는 약한 오크 향의 소비뇽 블랑 등이 있다.

- 프랑스–샤블리 그랑 크뤼Chablis Grand Cru, 부르고뉴 빌라주 급 화이트
- 스페인–베르데호Verdejo
- 오스트리아–그뤼너 펠트리너Grüner Veltliner
- 보르도, 호주–소비뇽 블랑 세미용 블렌드Sauvignon Blanc Semillon blend
- 세계 각 지역–오크 향 없는 샤르도네Chardonnay

중후한 풀 바디 화이트
오크 향이 배어 풍부하고 잘 익은 샤르도네가 최고봉을 이룬다. 론 밸리 화이트, 호주의 진하며 입에 가득 차는 오크 향 세미용. 새 오크통을 사용하여 토스트 향이 나는 보르도의 고급 화이트, 리오하. 신세계 샤르도네 등 모두 부드럽고 풍만하며 미감이 묵직하다. 고급 부르고뉴 화이트는 풀 바디 와인으로 과일향을 드러내기보다는 미묘하고 복합적인 향미이며 깊이가 있다.

- 프랑스–뫼르소Meursault, 푸이 퓌세Pouilly-Fuissé, 필리니 몽라셰Puligy-Montrachet, 마르산–루산Marsanne/Roussanne, 보르도 크뤼 클라세 화이트
- 남 호주–오크 향 세미용Semillon
- 미국–퓌메 블랑Fumé Blanc
- 스페인–리호아 화이트/비우라Viura
- 세계 각 지역–오크 향 샤르도네

레드와인

가볍고 신선한 레드
어리고 생생한 레드와인으로 부담 없이 즐길 수 있다. 보졸레, 발폴리첼라가 대표적이다. 신세계 피노 누아나 진펀델로도 갓 딴 붉은 베리류 향이 나는 연한 색깔의 펀치punch 레드를 만들 수 있다.

- 이탈리아—돌체토Dolcetto, 발폴리첼라 Valpolicella
- 프랑스—보졸레Beaujolais, 부르고뉴 AOC
- 독일—도른펠더Dornfelder

- 지중해, 신세계—그르나슈Grenache
- 미국—진펀델Zinfandel 기본급

아로마가 풍부한 미디엄 바디 레드
메를로, 쉬라즈, 진펀델, 피노 누아 등 품종과, 지역 별로는 칠레의 메를로, 남부 론, 리오하 크리안사 등이 이 그룹에 속한다. 타닌의 구조나 풍미보다는 와인의 달콤하고 발랄한 과일향이 특징이다. 과일향 피노 누아 또는 오래 숙성하지 않는 현대적 토스카나 와인도 이 범주에 속한다.

- 이탈리아—키안티Chianti 기본급
- 신세계—메를로Merlot, 피노 누아Pinot Noir

- 스페인—리오하Rioja 크리안사Crianza, 레세르바Reserva
- 프랑스—부르고뉴 영 빌라주 급

스파이시하며 강한 풀 바디 레드
쉬라즈 같이 스파이시하며 잘 익은 과일향을 갖춘 품종으로 세계 여러 곳의 따뜻한 지역에서 생산된다. 타닌이 강하고 힘 있는 풀 바디 와인으로 풍부한 미감이 특징이다.

- 프랑스—에르미타주Hermitage, 꼬뜨 로티 Côte-Rôtie, 꼬뜨 뒤 론Côtes du Rhône, 샤또네프 뒤 파프Châteauneuf-du-Pape
- 칠레—까르메네르Carmenère
- 아르헨티나—말벡Malbec
- 미국—고급 진펀델Zinfandel

- 이탈리아—수퍼 투스칸Super Tuscans
- 남아공—피노타지Pinotage
- 프랑스 론, 호주—시라/쉬라즈Syrah/Shiraz

개성이 뛰어난 풍미 있는 레드
구세계에서는 와인의 감미나 과일향보다는 개성적인 풍미를 더 중시한다. 이탈리아 북부와 중부 지방의 전통적 레드가 이 범주에 속한다. 새 오크통의 강한 오크 향을 피하고, 과도하게 완숙된 포도의 과일향을 절제한다.

- 이탈리아—키안티 클라시코Chianti Classico, 바롤로Barolo/바르바레스코 Barbaresco/네비올로Nebbiolo, 브루넬로

- 디 몬탈치노Brunello di Montalcino, 비노 노빌레 디 몬테 풀치아노Vino Nobile di Montepulciano

오래 숙성할 수 있는 중후한 레드
셀러에 오래 보관할 수 있는 귀한 와인이다. 세계 어느 곳에서나 생산되지만 특히 보르도 와인이 가격도 비싸며 최고 품질을 자랑한다. 물론 다른 범주에 속한 와인도 수십 년간 병 숙성이 가능한 고급품이 있다. 단단한 구조적 성격과 균형, 즉 강한 타닌과 산도, 포도의 농축도와 맛의 깊이가 오랜 숙성을 보장할 수 있다.

- 이탈리아—고급 바롤로Barolo, 고급 투스 칸Tuscan
- 프랑스—고급 보르도Bordeaux, 고급 북부 론Northern Rhône, 부르고뉴 그랑 크뤼 Grand Cru, 프르미에 크뤼Premier Cru

- 신세계—고급 쉬라즈Shiraz
- 스페인—고급 리베라 델 두에로Ribera del Duero
- 신세계—고급 카베르네 소비뇽Cabernet Sauvignon

다양성이 있는 와인

아래에 열거한 와인은 아시아 음식과 무난히 어울리는 다양성이 있는 와인이다. 지역마다 다른 음식의 향미에 거슬리지 않으며 안심하고 선택할 수 있다. 각 도시를 소개한 장에서 음식과 와인 매칭의 예를 더 자세히 소개한다.

	다양성 높음	다양성 중간	다양성 낮음
생산 지역	서늘한 지역에서 생산되는 절제된 와인. 예) 부르고뉴, 루아르, 알자스, 오리건, 태즈메이니아, 말보로, 트렌티노	구세계나 신세계 라이트 바디 또는 미디엄 바디 과일향 와인. 예) 호주의 서늘한 지역, 캘리포니아 해안 지역, 뉴질랜드, 론, 프랑스 남서부, 베네토, 이탈리아 동북부 지역	따뜻한 지역 풀 바디 와인, 향미가 강한 와인, 알코올이 높고 산도가 낮은 와인. 예) 호주 따뜻한 지역 쉬라즈, 캘리포니아 따뜻한 지역 카베르네 소비뇽, 남부 이탈리아 레드
화이트 품종	드라이 리슬링, 오크 향 없는 샤르도네와 슈냉 블랑, 피노 그리조, 트레비아노, 그뤼너 펠트리너, 피노 블랑	소비뇽 블랑, 알바리뇨, 비오니에, 마르산-루산, 소비뇽 블랑 세미용 블렌드	뮈스카, 게뷔르츠트라미너, 강한 오크 향 화이트
레드 품종	아주 서늘한 지역의 피노 누아, 남부 론 그르나슈 기본 레드, 가메, 북부 이탈리아 라이트 바디 레드	보르도 카베르네 메를로 블렌드, 북부 론 시라, 산조베제, 네비올로, 코르비나 블렌드, 카베르네 프랑	따뜻한 지역 카베르네 메를로 블렌드, 쉬라즈, 쁘띠 베르도, 말벡, 피노타지, 진펀델, 프리미티보
와인 스타일	스파클링 와인, 특히 샴페인; 피노 셰리; 상쾌한 라이트 바디 또는 미디엄 바디 레드; 오크 향 없는 상큼한 라이트 바디 화이트, 로제	산미가 단단한 미디엄 바디 화이트; 풍미 있고 절제된 과일향 라이트 바디 또는 미디엄 바디 레드; 가벼운 오크 향 와인; 서늘하거나 온화한 지역의 신세계 와인	스위트 와인, 강화 와인(피노 셰리는 제외); 강한 아로마 와인; 알코올이 높고, 진하게 추출한 무거운 와인; 강한 오크 향 또는 완숙시켜 포도 잼같은 와인; 무더운 지역 와인
숙성 연도*	숙성된 와인은 세련된 아시아 요리와 잘 맞다. 부드러운 타닌과 풍미는 음식의 감칠맛과 잘 어울린다. 예) 10년 이상 된 보르도, 부르고뉴 레드 또는 나파 카베르네	3년에서 8년 쯤 병 숙성된 원숙한 와인	매우 어리고 타닌이 강한 활달한 와인

* 장기 보관은 숙성이 가능한 잠재력을 갖춘 고급 레드만 해당된다. 대부분의 레드와 화이트는 영 와인일 때 마셔야 한다.

아시아의 맛

'아시아의 맛'이란 미국이나 유럽의 맛과는 다르지만, 사실은 규정하기 어려운 일반적인 표현일 뿐이다. 이 책도 다양한 아시아의 맛에 대한 나의 개인적인 의견이 대부분을 차지한다. 비교적 단일한 문화 전통을 이어온 일본도 지역마다 다양한 맛이 나타난다. 따라서 이 책에서는 맛의 차이를 세분하여 설명하기보다는, 문화적인 유산을 토대로 공통점을 찾아 소개하는데 초점을 맞추었다.

아시아인은 대부분 차를 좋아하며 홍차나 녹차를 늘 마신다. 타닌과 쓴맛에 익숙해 영 보르도 레드와인의 타닌 맛도 자연스럽게 받아들이는 것을 볼 수 있다. 특히 한국이나 중국 북부에서는 쓴맛이 나는 야채도 먹는다. 이 지역 와인 애호가들은 강한 타닌 맛을 잘 견디며, 와인의 타닉한 풍미를 과일향보다 더 좋아한다.

그러나 동남 아시아에서는 야채가 당도가 있고 쓴맛이 덜하여 타닌에 예민하게 반응하며, 같은 보르도 와인이라도 훨씬 더 쓰게 느끼게 된다. 또한 타닉한 레드와인이 음식의 매운맛을 상승시키기 때문에 이런 와인과 함께 매운맛을 더 즐기려는 아시아인도 있다.

위쪽: 아시아의 다채로운 스파이스

문화적인 차이로 예민해 질 수 있는 문제에 주의를 기울이며 책을 쓰려고 했지만 개인적인 경험이나 의견, 선호도 등을 완전히 배제할 수는 없었다. 이 책의 추천 와인도 매칭이 잘 되는 음식과 와인을 발견해가는 여정의 출발점이라고 생각하면 된다.

아시아 음식에서 고려해야 할 점은 음식과 와인이 나오는 순서와 온도이다. 예를 들면 전형적인 중국 만찬에서, 기름진 돼지고기 요리가 먼저 나오고 야채 요리가 마지막에 나오는 경우도 있어 소믈리에도 당황할 때가 있다. 따라서 음식을 한상에 차리거나 차례로 내오거나, 각 요리와 서로 어울릴 수 있는 다양성을 갖춘 와인을 준비하여 문제를 풀어야 한다.

와인의 온도도 음식과 와인의 조화에 큰 영향을 준다. 많은 아시아 음식은 볶거나 튀겨 기름지고 뜨겁다. 따라서 와인은 서빙 온도가 낮을수록 음식 맛을 시원하게 살려주며, 재료를 준비하거나 요리할 때 사용한 강한 양념 맛도 중화시킨다. 레드와인의 온도를 1~3도 쯤 낮추면 음식의 강한 스파이스를 달래고 풍미를 보완해 준다.

병 숙성이 오래된 와인은 타닌과 산미가 부드러워진다. 와인 속의 타닌과 산이 결합하여 질감의 유연성이 향상되기 때문이다. 어릴 때 대담하고 강한 와인도 세월이 가면 미묘하고 복합적이며 섬세하게 변한다. 감칠맛이 풍부한 아시아 음식과 환상적으로 잘 어울리는 배경이 된다.

무엇보다 중요한 점은 분위기와 어울리는 와인의 선택이다. 와인의 맛은 마시는 환경이나 계절, 기분에 따라 달라진다. 비싼 와인이나 싼 일상 와인이나, 어떤 와인도 좋은 분위기에서 마시면 기억에 남는 와인이 된다. 이탈리아의 작은 레스토랑에서 마신 이름 없는 키안티도 평범한 프로방스 로제도, 신선한 체리와 장미꽃으로 만든 신의 물방울같이 느껴질 때가 있다. 와인 애호가라면 누구나 분위기, 즉 기분과 장소, 친구에 따라 달라지는 와인 맛에 감탄한 경험이 있을 것이다.

아시아에서는 와인을 마시기 어려운 때도 있다. 사천성이나 남부 인도 또는 한국 음식 중에는 음식의 매운 맛으로 맛 봉오리가 무감각해질 때도 있다. 혀가 마비되고 진땀이 솟는 음식을 즐기고 싶으면 와인은 식사 전이나 후에 마셔야 한다. 아니면 와인보다는 물이나 차로 입가심을 하는 게 좋다. 페낭 국수 한 그릇을 후루룩 마실 때나 도쿄 뒷골목의 라면, 홍콩의 노천 음식점에서 완탕면을 먹을 때는 와인이 음식을 먹는 순수한 즐거움에 방해가 된다. 와인을 마시는 목적은 먹는 기쁨을 더하기 위한 것이다. 때로는 와인만 따로 마시면 더 좋을 때도 있다.

지니의 5대 추천 와인

각 음식에 추천한 5대 와인은 특정 음식에 맞는 일반적인 와인 스타일이다. 꼭 정해진 와인이라기보다 아시아에서 쉽게 찾을 수 있고 식재료나 감칠맛, 분위기 등을 고려하여 크게 거슬리지 않는 와인을 선택했다. 다양성이 있어 특정 음식의 여러 가지 변형된 요리와도 무난히 어울릴 수 있다.

와인의 다섯 가지 성분과 음식

당도
스위트 와인

- 리슬링 슈패트레제Spatlese
- 소테른Sauternes
- 게뷔르츠트라미너 레이트 하비스트
- 아이스 와인

음식과의 관계 와인의 단맛은 섬세한 요리나 감칠맛이 풍부한 음식을 압도한다.

추천 음식 달콤한 디저트 또는 풍부하고 기름진 음식과 어울린다. 미디엄 스위트나 라이트 스위트 와인은 짜거나 매운 음식과도 잘 어울린다.

왜 스위트 와인의 당분과 높은 산도는 기름진 음식과 잘 맞다. 와인의 적당한 단맛은 맵고 스파이시한 맛 또는 짠맛을 부드럽게 감싸준다.

산도
산도가 높은 와인

- 샴페인
- 뉴질랜드 소비뇽 블랑
- 오스트리아 그뤼너 펠트리너와 화이트
- 북부 이탈리아 레드
- 부르고뉴 레드와 화이트

음식과의 관계 유질감이 있거나 기름지고 풍부한 모든 음식과 조화를 이루며 다양성을 발휘한다. 청량감이 있고 음식의 신랄한 풍미도 잘 다스린다. 매운 음식의 열도 식혀준다.

추천 음식 튀김이나 볶음 등 기름기가 많은 아시아 요리와 균형을 이루며, 식초가 들어간 시큼한 음식과도 잘 어울린다.

왜 산미는 음식의 기름기를 제어하고 매운맛과 단맛도 아우르며 산뜻하게 한다.

타닌과 오크
타닌이 높고 오크 향이 강한 와인

- 스페인 리오하Rioja
- 캘리포니아 샤르도네
- 영 보르도 레드
- 이탈리아 바롤로

음식과의 관계 붉은 육류나 기름진 구이 요리, 진한 스튜 등 단백질이 많은 음식과 어울린다. 섬세하거나 가벼운 요리의 경우 와인의 타닌이 음식 맛을 씻어 내린다.

추천 음식 매운 양념이 들어간 음식은 타닌과 오크 향을 더 강조하기 때문에 피해야 한다.

왜 타닌은 단백질이나 지방과는 잘 어울리지만, 매운맛은 더 부추긴다.

알코올과 바디
알코올 도수가 높은 풀 바디 와인

- 호주 쉬라즈
- 이탈리아 아마로네Amarone
- 프랑스 샤또네프 뒤 파프Châteauneuf-
  du-Pape

음식과의 관계 음식의 섬세한 향미를 압도하고 매운맛을 더 부채질한다. 대부분의 풀 바디 와인은 다양성이 적어 여러 음식과 두루 어울리기 어렵다.

추천 음식 풍부하고 향미가 강한 음식이 와인의 무게와 균형을 이룰 수 있다. 맵거나 짠 음식, 세련되고 섬세한 음식도 피해야 한다.

왜 아시아 음식의 스파이스와 소스의 짠맛은 알코올의 열을 더 상승시킨다.

숙성
오래 숙성된 와인

- 10년 이상 된 보르도 레드
- 10년 이상 된 부르고뉴 레드
- 10년 이상 된 나파 카베르네

음식과의 관계 감칠맛이 감도는 풍미 있는 아시아 음식과 잘 어울린다.

추천 음식 세련되고 섬세한 음식과 어울린다. 스파이스가 강하거나 자극적인 음식은 오래된 와인의 미묘한 향미를 지울 수 있다.

왜 오래된 고급 와인은 제3의 병 숙성을 거치며 와인의 여러 성분이 부드럽게 용해된다. 섬세하고 미묘하며 촘촘한 질감으로 음식 맛을 멋지게 보완할 수 있다.

음식의 다섯 가지 맛과 와인

단맛

- 생과일과 말린 과일
- 야자 설탕
- 달콤한 코코넛 소스

와인과의 관계 드라이 와인은 음식의 단맛과 만나면 더 드라이하게 느껴지거나 묽게 느껴진다. 또는 쓰고 시큼하게 느껴진다.

추천 와인 단 음식에는 당도가 높거나 아주 달콤한 스위트 와인이 어울린다.

왜 와인의 단맛이 음식과 같거나 약하면 음식이 와인의 향미를 빼앗는다.

신맛

- 타마린드
- 라임 주스
- 그린 망고

와인과의 관계 음식의 신맛은 와인의 풍미를 압도한다.

추천 와인 향미가 많고 상큼한 화이트, 음식의 산미와 같은 산도의 미디엄 또는 라이트 바디 레드와인이 좋다.

왜 와인의 산미가 충분하지 않으면 와인의 향미가 사라지며 묽게 느껴진다. 신 음식은 산미가 약한 화이트와인을 압도하며 풀 바디 레드와인도 짓누른다.

짠맛

- 간장
- 굴 소스
- 새우 페이스트
- 된장

와인과의 관계 음식의 짠맛은 와인의 타닌 맛을 더 강조한다.

추천 와인 화이트와인 또는 타닌이 부드러우며 산미가 상큼한 강한 과일향 레드

왜 음식의 짠맛을 견디려면 과일향이 필요하다. 타닌이 강하면 음식의 짠맛이 더 강조되기 때문에 타닌이 적당하거나 낮은 과일향 레드가 좋다. 산미가 단단한 화이트나 레드도 짠맛을 덜 느끼게 한다.

쓴맛

- 구운 은행
- 그을린 맛
- 여주
- 인삼

와인과의 관계 음식의 쓴맛은 레드와인의 타닌 맛을 향상시키며 화이트와인에는 풍미를 준다.

추천 와인 풀 바디 화이트 또는 오크 숙성한 레드가 어울린다.

왜 음식의 쓴맛은 강한 레드와인의 타닌 맛으로 보완이 된다. 오크 숙성한 화이트와인도 잘 어울린다.

감칠맛

- 발효 콩
- 말린 육류
- 버섯
- 중탕 수프
- 미역

와인과의 관계 음식의 감칠맛은 와인의 흙내나 풍미를 드러나게 한다.

추천 와인 풍미 있는 화이트, 타닌이 촘촘하고 과일향이 절제된 레드 또는 숙성된 와인.

왜 감칠맛은 섬세하며 풍미가 있다. 따라서 섬세하며 미묘하고 타닌의 질감이 부드러운 와인이라야 한다.

"모든 사람이 먹고 마시지만 맛을 음미하는 사람은 드물다."

공자

홍콩

Chapter 2

2 CHAPTER 홍콩

소개

인구 710만*
음식 광동식; 중국 각 지역 음식, 국제적 음식
대표 음식 딤섬, 생선 찜, 로스트 포크, 블랙 빈 소스 크랩, 소고기 야채 볶음, 중탕 수프
와인 문화 아시아를 주도하는 와인 시장이며 동북 아시아의 와인 중심 도시가 되고 있다.
수입세 2008년 2월부터 면세

문화적 배경

홍콩 주민들 중에는 일 때문에 잠시 머무르려고 와서 수십 년째 홍콩을 떠나지 못하고 살고 있는 사람들이 많다. 홍콩은 땅도 좁고 푸른 자연도 거의 없다. 인구 밀도도 높아 주거 환경이 그리 좋은 편은 아니다. 기후 조건은 좋지 않지만 생활이 효율적이고 간편하며, 지리적으로 아시아의 어느 곳과도 가까워 편리하다.

홍콩은 1842년 난징 조약Treaty of Nanjing 이후 개항한 중국의 5대 항구 중 하나로 19세기부터 지금까지 중국과 서양이 활발하게 만나는 장소이다. 초기에는 광주Canton나 광동성Guangdong province이 무역과 상업의 중심이었으나, 홍콩이 영국령이 된 후 중심지가 되면서 급속한 발전을 하게 되었다.

영국이 점령하기 전 홍콩은 농부나 어부, 해적들이 모여 사는 작은 섬에 불과했다. 홍콩은 중국 본토에 가까운 전략적 요지이며 자연 요새와 같은 뛰어난 항구이다. 중국과 유럽의 기업과 사업가들이 모여들기 시작하면서 동서양의 문화가 만나 녹아드는 항구 도시의 특징이 만들어지기 시작했다.

19세기 후반 전기 회사가 처음 설립되고 공공 교통망도 만들어졌다. 홍콩 상하이 은행HSBC의 발족은 특히 홍콩과 유럽의 무역을 촉진시켰다. 동서양을 잇는 무역항으로 차와 비단, 사치품들의 교역도 활발했다. 1860년과 1898년에 구룡Kowloon 반도와 수백 개의 작은 섬들이 영연방에 귀속되었다.

앞 페이지: 홍콩의 화려한 스카이 라인과 빅토리아 항구
위쪽: 중국 범선   오른쪽: 로스트 미트Roast meat
* 타이베이와 서울을 제외하고 각 도시의 인구는 2011년 UN 통계를 인용했다.

2차 대전중 홍콩의 성장은 주춤했으며 특히 일본이 홍콩을 점령한 4년 동안은 무역도 단절되었다. 일본이 패전한 1945년 8월 홍콩은 다시 영국령으로 돌아가게 되었다.

2차 대전과 1949년 이후 공산당이 중국 본토를 점령하면서 홍콩에 다양한 문화적 기반이 만들어졌다. 1940년대 후반에는 중국 본토에서 수천 명의 피난민이 정치적 망명이나 더 나은 삶을 위해 홍콩으로 밀려왔다. 끝없는 이민의 물결은 값싼 노동력을 제공했고 제조업과 무역을 활성화시켰다. 동시에 중국 공산 정권 아래에서 불안을 느낀 외국 회사들도 상하이에서 홍콩으로 대거 이전했다.

1960년대에는 대규모의 방직 공장과 장난감 제조업체들이 경제계를 주도했으며, 1970년대와 1980년대 초에는 제조업보다는 서비스업이나 금융업이 더 발전했다. 1980년대에 20퍼센트 정도였던 제조업은 현재 3퍼센트에 불과하다. 1970년대 후반 중국 본토 시장이 개방된 후로 제조업은 임금이 훨씬 싼 북부로 옮겨 가게 되었다.

1980년과 1990년 사이에 외국인들의 유입이 늘어나면서 5성급 호텔과 고급 식당도 늘어났다. 홍콩은 이제 동북 아시아의 관광과 무역, 상업의 중심지로 자리잡게 되었으며 식문화도 새로운 단계로 발전하였다. 1997년에 홍콩은 영국령에서 중국으로 귀속되었으나 음식 문화는 정치적 변화와는 무관하여 여전히 활발하게 지속되고 있다.

인구 7백만의 홍콩은 국제적 도시로 탈바꿈하였다. 등록된 레스토랑이 1만여 개이며 다양한 가격대의 세계적인 음식을 선보인다. 또한 세계 요리의 중심지로 세계 각국의 요리사들이 모여들고 있다. 홍콩은 어떤 문화도 뿌리내리게 하는 개방적이며 역동적인 도시로, 다양하고 매력적인 새로운 식문화를 계속 만들어 가고 있다.

음식과 식문화

홍콩은 중국 음식 중 가장 세련된 광동식Cantonese 음식의 본고장이다. 최고의 광동식 요리 주방장들이 모여들이 어울리면서, 신선하고 질 좋은 식재료를 사용하여 가볍고 능숙한 솜씨로 주방의 요리 철학을 널리 퍼뜨리고 있다.

역사적으로 광동 지역과 홍콩의 음식은 즐거움보다는 생존이 더 중요했다. 음식이 든든하고 진해야 오랜 노동 시간을 버틸 수 있었기 때문이다. 홍콩의 주 요리는 광동성의 세 지역인 객가Hakka와 조주Chiu Chow, 동관Dongguan에서 유래했다. 세 지방은 방언도 다르며 음식 스타일과 향미도 각각 다르다. 객가는 두부와 절인 육류, 야채가 중심이며, 조주는 뭉근하게 익히는 요리법으로 스파이스와 간장을 더 많이 사용한다. 동관 음식은 현재 광동식과 비슷하며, 주로 신선한 생선이나 야채를 기름에 볶고 스파이스는 많이 사용하지 않는다.

향이 강한 짤막한 소시지 등 많은 홍콩 현지 음식은 주로 동관에서 유래되었다. 조주의 제비집 수프와 간장 거위 요리도 지금은 홍콩 음식으로 자리를 잡았다. 객가의 소금구이 치킨이나 내장 요리는 광동식 주 메뉴가 되었다.

20세기 초반 부유층들은 요리사와 웨이터를 집으로 불러 손님을 대접했다. 12명 이상 100여 명 정도의 연회나 공식 만찬을 위해 유명한 레스토랑에서 부엌 전체를 옮겨와 여러 명의 광동식 요리사들이 음식을 준비하기도 했다.

위쪽: 중국식 소시지   오른쪽: 구룡의 노천 음식점

1970년대까지는 정식 중국 레스토랑이 몇 개 되지 않았다. 홍콩 시내에 있는 옛 힐튼 호텔과 같은 큰 호텔에서나 찾아볼 수 있었다. 푹람문Fook Lam Moon이나 융키Yung Kee 같은 유명 레스토랑도 지금처럼 엘리트들이 드나드는 곳이 아닌 작은 식당이었다. 융키의 지배인인 킨센 캄Kinsen Kam의 말에 따르면 융키는 60여 년 전 노천 음식점에서 시작했다고 한다.

홍콩도 경제 성장을 이룬 대만이나 싱가포르, 한국의 도시들처럼 중산층이 늘어나기 시작하면서 식문화도 빠르게 변해갔다. 1970년대에는 가족이나 친구와 함께 외식을 즐기게 되었으며, 사교나 접대도 많아져 수천 개의 일반 식당에서도 정식 코스 메뉴를 새로 더하게 되었다.

국수나 쌀죽을 파는 가게나 홍콩식 카페 차찬탱cha chan tens, 노천 음식점인 다이파이동dai pai dong 등 간단한 식당도 있다. 차찬탱은 즉석 카페로 프렌치 토스트나 중국식 스낵 등을 판다. 다이파이동은 노천음식점이며 기름에 데친 생선과 육류 등을 판다. 플라스틱 탁자와 의자를 놓은 허름한 식당들도 요즘은 맥도날드처럼 깨끗하고 에어컨이 설치된 카페로 발전했다. 융키 같은 레스토랑도 다이파이동에서 시작하여 상류층을 위한 광동식 고급 레스토랑으로 변신했다.

홍콩은 이민이나 외국 망명자들이 많은 도시로 이들이 즐길 만한 중상급 식당도 대폭 늘어났다. 중급 레스토랑은 적당한 가격으로 색다른 외식을 경험할 수 있는 메뉴를 개발했다. 가정 집

에서 일하던 요리사들이 레스토랑으로 옮기고, 늘어나는 중산층의 입맛에 맞게 메뉴도 바꾸었다.

홍콩 특유의 사설 음식점private kitchen은 식생활에 활기를 더해준다. 이들은 사무실 빌딩이나 주거지 주변에서 사설 음식점을 운영하며, 흥미 있고 새로운 음식으로 색다른 즐거움을 준다. 사설 음식점에서는 열정적인 요리사들이 직접 개발한 음식을 손님들과 함께 시식하며 어울리기도 한다. 새로운 퓨전 음식이나 전통적 프랑스 음식, 정통 상해식, 광동식, 사천식 요리 등 다양하다. 와인이나 음료도 코키지 없이 마실 수 있고 음식 값도 그다지 비싸지 않다. 많은 사설 음식점들이 생겼다 없어지고, 또는 허가를 받고 정식 레스토랑으로 탈바꿈하기도 한다.

그러나 유명한 곳은 현지 음식 애호가들이 찾는 마지막 은신처로 그대로 남아 있다.

지금도 노천 음식점이나 카페, 국수나 죽 가게, 사설 음식점 등, 크고 작은 광동식 전통 음식점들은 그 자리를 지키고 있다. 또 현대적 레스토랑이나 다이닝 클럽들도 이들과 함께 공존하고 있다. 홍콩은 모든 종류의 국제적 요리를 맛볼 수 있는 곳이다. 1만 개가 넘는 레스토랑은 신선하고 이국적이며, 비싸고 귀한 재료를 구하기 위해 서로 경쟁하며 양질의 요리를 제공한다. 홍콩 사람들의 음식에 대한 열정은 놀랄 만큼 다양하고 역동적인 식문화를 꽃피우며, 홍콩을 아시아 최고의 요리 도시로 자리잡게 했다.

아시아 모든 음식이 질감을 중요하게 여기지만 광동식이나 일본식 요리는 이를 특히 강조한다. 홍콩 요리사와 식도락가들도 일본처럼 식재료의 섬세한 질감을 높이 평가한다. 전복은 표면이 벨벳 같아야 하고 샥스핀shark's fin은 비단같이 부드러운 감촉이어야 한다. 제비집 수프는 후식으로 먹으며 부드럽고 미끈해야 한다. 해삼은 젤라틴 같은 질감을 높이 평가한다.

요리

홍콩은 광동식 요리가 주를 이룬다. 이는 홍콩과 인접한 중국 광동성의 광저우Canton에서 유래했다. 음식은 일반적으로 스파이시하지 않고 신선한 농산물과 생선, 육류가 주를 이룬다. 진기한 음식으로는 닭이나 거위 발, 뱀 요리 등이 있고 그 외 희귀한 식재료도 볼 수 있다.

광동식 요리는 신선한 재료를 가볍고 향미 있게 조리하는 것이 특징이다. 높은 온도의 기름에 데치는 방법으로 향을 내며 식당에서는 가정용이 아닌 큰 용량의 가스 불을 사용한다. 웍치Wok chi는 웍Wok 요리 솜씨를 말한다. 재료에 적당한 소스를 입혀 향미를 내고 뜨거운 불에 조리하여 재료의 신선함을 유지하는 조리법이다. 마찬가지로 찜이나 구이 요리도 재료 고유의 향미를 손상시키지 않으면서 마법 같은 풍미를 불어넣는다.

홍콩은 바다와 가깝기 때문에 해산물이 흔하다. 일반적으로 광동식이라고 하면 너무 기름지지 않으며 달거나 짜지 않다는 말과 같다. 재료의 신선함을 살려 조심스레 다루고, 소스나 양념을 과하게 쓰지 않는다.

해산물이 인기가 있지만 바비큐나 로스팅한 육류도 광동식 중 인기 있는 메뉴이다. 홍콩은 아시아에서 1인당 육류 소비율이 가장 높으며 로스트 포크나 바비큐 포크, 로스팅한 거위, 오리 등을 선호한다. 일류 레스토랑에서는 중국 본토에서 전수된 양념장이나 소스, 로스팅 과정 등을 비밀로 하기도 한다.

간장 소스 생선 찜이나 블랙 빈 소스 조개 볶음, 파와 생강 소스 전복 요리 등도 광동식 음식의 대표적 예이다. 닭고기도 주식품이다. 푹 삶은 치킨 수프는 계절에 관계없이 거의 매일 식사에 나오며 영양이나 건강을 위해 수프에 허브나 다른 재료도 첨가한다.

딤섬dim-sum은 광동식 고유의 음식이다. 한입 크기의 딤섬은 '마음으로부터from the heart'라는 뜻을 가지고 있으며 만드는 정성을 뜻하는 것 같다. 아침이나 이른 오후에 방금 우려낸 중국 차와 함께 먹는다. 대표적 딤섬으로는 바비큐 포크 롤, 새우 딤플링, 쌀 국수 롤, 연잎 찰밥, 무 떡, 토란 완자 튀김 등이 있다.

딤섬은 음식을 말하지만 딤섬 식사는 얌차yum cha라고 하며 '차를 마신다to drink tea'라는 뜻이다. 홍콩에서는 광동식이 가장 인기있는 음식이지만, 상하이나 조주Chiu Chow, 사천Sichuan과 베이징 등 거의 모든 중국 주요 지역의 음식도 훌륭한 맛이다.

홍콩에는 인도인이나 일본인, 한국인들도 많이 모여 살아 아시아 여러 지역의 정통 요리도 뿌리를 내리고 있다. 특히 일본 레스토랑은 진열대가 돌아가는 회전 스시 바부터 최고의 도쿄 레스토랑 분점까지 퍼져 있다. 한국 음식점도 대단한 수준으로 침사추이Tsim Sha Tsui의 킴벌리Kimberley가에 있는 한국 야채 가게에서 매일 신선한 재료를 구입하여 고급 음식을 선보인다. 인도 식당은 일반적인 곳부터 고급 식당까지 시내에 퍼져 있다. 유럽식은 프랑스와 이탈리아 음식이 인기가 있으며 거의 모든 5성급 호텔에 고급 레스토랑이 있다.

위쪽: 웍치　오른쪽: 전복 요리

음료와 와인 문화

곡류나 과일로 만든 전통적 알코올 음료는 중국 식탁에 오랫동안 함께 해왔다. 찹쌀이나 밀, 옥수수, 기장 등으로 빚는 황주huangjiu는 유명한 전통 술로, 그 중 소흥주Shaoxing가 가장 잘 알려져 있다. 고 품질의 소흥주는 50년 이상 숙성시키며 고급 와인 가격에 버금간다. 질이 떨어지는 술은 요리나 치료에 사용한다. 백주baijiu는 당밀을 발효시켜 만든 증류주로 알코올 도수가 50퍼센트나 되며, 브랜디나 위스키가 수입되기 전에는 축하연에 언제나 함께 했다. 마오 타이Mao Tai는 대표적인 백주 스타일이다.

1960년대와 1970년대에는 엘리트들의 알코올 음료가 전통 술에서 브랜디로 옮겨갔다. 레미Remy와 헤네시Hennessy가 잘 알려진 상표이며, VSOP와 XO 라벨은 최고의 꼬냑Cognac으로 유명세를 타게 되었다. 위스키의 인기도 상당하였으나 꼬냑을 따라가지는 못했다. 소시민들에게는 값이 싼 전통 음료인 백주와 황주가 만찬에 보편화되어 있었고 제사나 의료용에도 사용했다.

알코올 외의 음료로는 따뜻한 물이나 차를 마셨다. 따뜻한 차는 특히 기름진 음식의 소화를 돕는다. 지금은 얼음물이나 찬 음료가 일상화되었지만, 전통적으로 찬 음료는 소화 장애를 일으킨다고 믿어왔다. 맥주는 지금도 대중적으로 인기가 있지만 고급 레스토랑에서는 소비가 줄고 있다.

1970년대 홍콩의 와인 애호가들은 주로 홍콩에 거주하는 영국인들과 외국에서 교육받은 중국인 등 소수 그룹이었다. 그들은

와인 숍 레미Remy에 진열된 보르도 레드와 부르고뉴 레드, 샤블리 몇몇 종류, 독일 스위트 와인 등을 주로 샀다. 오래된 포트와 셰리도 있었지만 대부분 홍콩 거주 영국인들이 선호했다. 지배인 웡KK Wong은 고객들과도 친밀하게 지내며 와인에 대한 이야기를 나누고 조언도 해주었다.

1990년대에는 소규모 와인 애호가들을 시작으로 새로운 와인 세대가 생겨났다. 이들은 젊고 인터넷을 사용하며, 품종 별로 다양한 와인을 마셔 보고 경험하고 싶어한다. 원하는 와인을 즉시 구해 갈증을 풀고 만족을 느낀다. 와인 수입이 양적, 질적으로 다른 주류를 넘어섰으며, 또 와인이 건강에 좋다는 공공 인식이 판매 성장을 부추기기도 했다. 와인 소매상과 와인 바가 늘어나며, 레스토랑에서만 마시던 술이 바 문화로 빠르게 확산되었다.

란콰이펑Lan Kwai Fung과 완차이Wanchai에 영국의 펍pub과 비슷한 와인 바가 생기고 코즈웨이 베이Causeway Bay와 침사추이Tsim Sha Tsui에 가라오케, 나이트 클럽 등이 늘어나며 와인 수요가 확대되었다. 1998년에는 왓슨즈 와인 셀러Watson's Wine Cellar가 처음 문을 열고 몇 년이 지나지 않아 열 개도 넘는 지점이 생기면서 와인 소매 시장을 주도하게 되었다.

5성급 호텔과 고급 레스토랑, 국제적 요리의 확산도 와인 매출의 촉매가 되었다. 또 와인이 건강에 좋다는 매스컴의 영향으로 레드와인의 수요가 급격하게 상승하였다. 고급 레스토랑의 와

인 리스트는 오래된 보르도 크뤼 클라세Bordeaux cru classé를 비롯하여 신세계 고급 레드로 가득 채워졌다. 중국 본토에서 오는 부유한 여행객이 늘어나며 고급 레드와인의 수요는 더 늘어났다. 다른 아시아 도시와 마찬가지로 수입 와인의 1/3이 프랑스 와인이며 가격이나 양으로 가장 중요한 위치를 차지한다. 그러나 이런 고전적 리스트도 서서히 다양화되는 추세이다.

홍콩은 많은 수입상들이 경쟁하고 있으며 세금이 없어, 세계 각지의 와인을 쉽게 찾을 수 있고 가격도 비싸지 않다. 와인은 점점 대중화되고 있으며 이제는 유럽식 레스토랑만의 전유물이 아니다. 홍콩 섬 해변의 간이 식당 플라스틱 의자에 앉아서도 마실 수 있고 잔으로 팔기도 한다.

홍콩에서는 최고의 크뤼 클라세나 고가의 신세계 와인들이 레스토랑의 식탁에 놓여 있는 것을 쉽게 볼 수 있다. 이런 와인들은 레스토랑에서 비치한 와인이 아니라 손님들이 직접 갖고 오는 경우가 많다. 옛날 중국 식당들은 와인을 구비해 놓지 않았기 때문에 손님이 직접 갖고 온 와인을 레스토랑에서 코키지를 받고 서빙해 주는 BYOB(bring your own bottle)가 관습화되어 있다. 푹람문Fook Lam Moon과 포럼Forum 같은 일류 광동 식당도 HK $150 이하의 낮은 코키지corkage를 받는다. 홍콩 시내의 코키지는 대략 HK $100~150(US $13~$65) 사이이며 자주 오는 고객에게는 면제도 해준다. 따라서 5성급 호텔을 제외하면 최고급 중국 레스토랑이라도 고급 와인을 반드시 비치할 필요는 없다.

BYOB 시스템은 홍콩 클럽과 홍콩 컨트리 클럽, 홍콩 자키 클럽Hong Kong Jockey Club 등으로 확대되었다. 차이나The China 클럽이나 키 클럽The Kee Club, 치프리아니Cipriani와 같은 인기 있는 다이닝 클럽은 음식도 뛰어나며 좋은 와인 리스트도 갖추고 있다. 사설 클럽도 최소한의 코키지를 받으며 BYOB 문화를 권장하고 있다.

중국인들에게는 음식이 약이라는 생각이 각인되어 있다. 특히 중국 약재와 약용 식재가 널려 있는 홍콩은 더 심하다. 음식은 몸의 열이나 냉기陰陽(yin & yang)를 증진시키거나 감소시켜 균형을 회복시킨다고 믿는다 . 붉은 육류나 뿌리 채소, 스파이스 등은 열을 발생시키며 순환을 도와 몸을 데워준다. 게나 조개, 쓴 채소, 레몬이나 라임 같은 신 과일은 날씨가 더울 때 열이 많은 사람의 몸의 열을 식힌다. 탄수화물은 중성으로 여겨진다. 조리법도 음식의 음양을 바꿀 수 있다. 게를 고추와 함께 튀김을 하면 몸을 데워주고, 찜을 하면 열을 식혀준다.

와인과 광동 음식

광동식은 아시아 음식 중에서는 가벼운 편이다. 그러나 미묘한 감칠맛과 입 속에서 느끼는 식재료의 질김은 겉보기보다는 상당히 무게가 있다. 감칠맛은 양념이나 수프의 재료로 사용하는 진한 육수의 향미에서 온다. 광동식의 또 다른 특징은 높은 온도로 요리를 하는 것이다. 웍wok 요리는 고열로 조리하며 뜨겁게 먹고, 음료도 뜨거운 차나 물을 마신다. 이론적으로는 이런 음식과 찬 스파클링 와인이 어울리지만, 광동식 식문화에는 찬 음료가 맞지 않아 인기가 없는 편이다. 전통적 광동식 식사와 와인을 매칭하려면 먼저 식재료의 배합과 소금, 기름기의 양, 조리법 등을 살펴보며 가장 강한 향미를 찾아본다. 전통적 광동식 요리에는 매우 달거나 신 음식은 드물다.

주 요리와 소스를 재빨리 살펴보면 가장 강한 향미를 파악하는데 도움이 된다. 예를 들어 가벼운 야채 스프링 롤이라도 식초 소스나 단 고추 소스에 찍어 먹으면 향이 더해지며 가볍지 않게 느껴진다. 일반적으로 광동식은 기름에 볶는 음식이 많고, 다량은 넣지 않지만 간장이나 굴 소스, 자극적이고 짠 블랙 빈 소스 등을 일반적으로 사용한다. 이런 소스는 음식의 감칠맛은 증가시킨다. 그러나 타닌이나 오크 향이 강한 와인과는 어울리지 않으며, 와인의 핵심적 향미를 손상시키고 타닌을 부각시키게 된다. 차를 상용하는 지역의 미식가들은 타닌에 관대하여 선호도가 달라질 수도 있다.

전형적인 현지 음식에는 상큼하며 입을 씻어주고 음식 맛의 배경이 되어주는 와인을 택하면 무난하다. 아니면 음식의 향미에 당당히 맞서는 와인을 택해야 한다. 대부분 광동식 전통 음식은 여러 가지 강한 향미를 섞지 않아 중심이 되는 향미를 찾기가 쉽다. 2장의 마지막 도표에 보편적인 광동식 음식과 와인의 매칭에 대한 기본을 제시한다.

향미가 자극적이지 않고 세련된 음식에는 음식의 조직감을 느낄 수 있는 부드러운 질감의 미묘하고 복합적인 와인이 적합하다. 연회에서는 샥스핀이나 전복 요리 같은 섬세한 향미의 특식이 따로 한 접시씩 이어 나온다. 그러나 때로는 로스트 포크나 베이징 덕 같은 강한 향의 요리가 먼저 나오고 야채나 국수 같은 가벼운 음식이 뒤에 나오기도 한다. 가벼운 와인을 먼저 마시고

매칭이 어려운 광동식 음식과 와인
- 생강 송화단Century egg with ginger: 파삭한, 중간 무게의 알바리뇨Albarino 또는 활기 있는 게뷔르츠 트라미너Gewürztraminer
- 송화단Century egg without ginger: 루아르Loire 레이트 하비스트Late harvest화이트 또는 그뤼너 펠트리너 스마라그드Grüner Veltliner Smaragd
- 거위 혀Duck tongue: 흙내 나는 영 부르고뉴 레드 또는 보졸레 크뤼(물랭 아 방Moulin á Vent 또는 모르공Morgon)
- 여주 볶음Stir-fried bitter gourd: 오프 드라이off-dry 독일 카비네트 리슬링Kabinett Riesling 또는 캘리포니아 샤르도네Chardonnay
- 닭 발Chicken feet: 과일향 꼬뜨 뒤 론Côtes du Rhône 또는 신세계 피노 누아Pinot Noir
- 블랙 빈 소스 아스파라거스Asparagus in black bean sauce: NV 샴페인 또는 영 보르도 화이트

강한 풀 바디 와인을 마시는 와인 순서와, 음식이 나오는 순서가 맞지 않을 수 있다. 따라서 광동식 연회에서는 와인을 한 병씩 순서대로 서빙하기보다, 레드와인 한 병과 다양성이 있는 화이트와인이나 스파클링 와인을 동시에 서빙하면 좋다. 두 가지 종류의 와인을 맛이 각기 다른 음식들과 함께 마셔보며 느긋하게 즐길 수 있기 때문이다.

광동식 연회에는 타닌이 약하거나 중간쯤 되는 구세계의 과일향 미디엄 바디 레드와인이 가장 잘 어울린다. 과일향은 바비큐한 육류의 맛을 보완해주고, 미디엄 바디 와인은 무겁지도 가볍지도 않은 음식의 무게와 잘 어울린다. 적당한 타닌은 육류 요리와 부담 없이 어울리는 구조이다. 풀 바디 와인이나 도발적인 와인은 음식 맛을 짓누르기 쉽다. 기름기가 많은 음식에는 산미가 충분한 화이트와인이 상쾌하게 느껴진다. 과감한 과일향의 와인보다 서늘한 기후에서 나타나는 미묘한 향의 와인이 어울린다.

화이트 와인은 라이트 바디보다는 약간 중후한 미디엄 바디가 좋다. 오크 향이 강하지 않고, 신선한 산도가 있으며, 적당한 무게감을 느낄 수 있는 와인이 잘 어울린다. 오크 향이 강하면 요리의 섬세함을 지울 수 있기 때문에, 가벼운 오크 향의 샤르도네나 소비뇽 블랑이 무난하다. 화이트와인이 광동식과 잘 맞기는 하지만 와인 서빙 온도가 낮다든지 또는 레드와인이 건강에 좋다는 인식 등으로 많이 선택하지 않는다. 그리고 차와 같이 강한 타닌에 길들여진 문화적인 배경도 레드와인이 더 인기가 있는 이유로 꼽힌다.

부드러운 생선살의 농어 찜이나 생새우 볶음 등 광동식 해산물 요리에는 화이트와인이 어울릴 것 같지만, 놀랍게도 오히려 라이트나 미디엄 바디 레드와인이 더 잘 어울린다. 해산물의 질감은 섬세하지만 간장 소스, 파, 마늘 등을 솜씨 좋게 곁들이면 음식의 향미가 달라지고 더 풍부해지기 때문이다.

광동식 음식과 와인 대조표

음식의 향미		와인의 성격		음식의 미감	
• 짠맛	●●●●○○	• 당도	드라이	• 무게/풍부함	●●●○○
• 단맛	●○○○○○	• 산도	●●●●○	• 기름기	●●●○○
• 쓴맛	●●○○○○	• 타닌	●●●○○	• 질감	●●●●○
• 신맛	●○○○○○	• 바디	●●●○○	• 온도	●●●●●
• 스파이스	●○○○○○	• 향미의 강도	●●●○○		
• 감칠맛	●●●●●○	• 피니시	●●●●○		
• 향미의 강도	●●●○○○				낮음 ●●●●● 높음

왼쪽: 중국식 연근 수프

광동식 연회*
– 추천 레드와인

- 20년 이상 숙성된 잘 익은 보르도   ⑤⑤⑤⑤⑤
- 15년 이상 숙성된 북부 론 에르미타주Hermitage, 꼬뜨 로티Côte-Rôtie   ⑤⑤⑤⑤⑤
- 10년 이상 된 부르고뉴 그랑 크뤼 또는 프르미에 크뤼   ⑤⑤⑤⑤⑤
- 호주 빅토리아 또는 뉴질랜드 고급 생산자 피노 누아   ⑤⑤⑤
- 칠레 피노 누아 또는 알자스나 독일 피노 누아   ⑤⑤
- 크로즈 에르미타주Crozes-Hermitage 또는 북부 론 생 조제프St-Joseph   ⑤⑤
- 꼬뜨 뒤 론Côtes du Rhône 빌라주 급   ⑤
- 보졸레 10개 크뤼 급   ⑤
- 이탈리아 베네토Veneto 발폴리첼라Valpolicella   ⑤

광동식 연회*
– 추천 드라이 화이트와인과 스파클링 와인

- 10년 이상된 빈티지 샴페인   ⑤⑤⑤⑤⑤
- 퓔리니 몽라셰 또는 뫼르소, 그랑 크뤼, 프르미에 크뤼급   ⑤⑤⑤⑤⑤
- 샤블리 그랑 크뤼   ⑤⑤⑤⑤
- NV 로제 샴페인   ⑤⑤⑤
- 오스트리아 그뤼너 펠트리너(스마라그드Smaragd 또는 페더슈필Federspiel)   ⑤⑤
- 뉴질랜드, 칠레, 호주 등 서늘한 지역 샤르도네   ⑤⑤
- 보르도 가벼운 오크 향 소비뇽 블랑, 푸이 퓌메Pouilly-Fumé 또는 나파   ⑤⑤
- 마콩Macon 빌라주 또는 푸이 퓌세Pouilly-Fuissé   ⑤⑤
- 신세계 고급 생산자의 전통적 방식 스파클링 와인   ⑤⑤
- 구세계 전통적 방식 스파클링 와인: 프로세코Prosecco, 젝트Sekt, 카바Cava   ⑤
- 알자스 리슬링(드라이) 또는 피노 그리   ⑤
- 알자스 또는 독일 피노 블랑   ⑤

홍콩이나 도쿄, 싱가포르의 평균 병당 소매 가격

⑤⑤⑤⑤⑤ > US$100   ⑤⑤⑤⑤ US$70~99   ⑤⑤⑤ US$40~69   ⑤⑤ US$21~39   ⑤ < US$20

오른쪽: 생선 찜

* 빈티지가 제시되지 않았을 때는 최근 빈티지를 택한다. 화이트는 4년 이하라야 한다.

대표 음식

바비큐 포크 찐빵
Steamed barbecue pork buns (위)
새우 찐 만두
Steamed shrimp dumplings
블랙 빈 소스 돼지 갈비 찜
Steamed black bean spare ribs
토란 완자 튀김
Deep-fried stuffed taro root puff
무 떡 Pan-fried radish cake
가정식 음식 Home style dishes
딤섬Dim sum (아래)

한상 차림
COMMUNAL MEALS

특성
• 향미와 강도, 질감 등이 다양하고 풍부하다.
• 적당한 감칠맛이 있다.
• 무게감과 향미의 강도가 적당하다.
• 모든 음식이 상당히 높은 온도로 요리하며 익히지 않는 음식은 거의 없다.
• 가벼운 해산물 찜에서 기름에 튀긴 스프링 롤과 바비큐 포크 찐빵 등 다양하다.
• 소스는 레드와인 식초와 간장, XO 소스, 고추 소스 등이 있다.

와인 팁

고려 사항
• 와인이 다양한 음식의 향미와 질감을 포용할 수 있어야 한다.
• XO 소스 또는 식초를 기본으로 한 소스는 와인을 밀어낸다.
• 일상적 음식은 섬세한 향미보다는 포만감을 준다.

와인 선택
• 적당한 과일향과 강한 산미의 라이트 또는 미디엄 바디 와인
• 타닌이 적당한 미디엄 바디 레드와인
• 약한 오크 향과 시원한 산미의 미디엄 바디 화이트
• 다양성이 있는 로제 또는 전통적 방식 스파클링 와인

추천 와인
• **보완**: 영 부르고뉴 빌라주 급 레드; 뉴질랜드 피노 누아; 호주 약한 오크 향 샤르도네; 푸이 퓌메Pouilly-Fumé; 알자스 피노 그리 또는 리슬링; 영 보르도 화이트; 빈티지 샴페인
• **동반**: 남부 론 일상 와인; 과일향 영 발폴리첼라; 현대적 리오하 화이트; 알자스 피노 블랑; 남 프랑스 로제; 전통적 방식 스파클링 와인

피할 와인
• 음식의 양념이나 향미에 짓눌리는 중성적 와인
• 찜이나 섬세한 음식 향을 밀어내는 강한 과일향의 외향적 와인
• 알코올이 높거나 오크 향이 강하여 음식을 압도하는 와인

해산물 찜
STEAMED SEAFOOD

특성
- 바디는 가벼우며 살이 섬세하고 달콤한 것도 있다.
- 간장 소스와 생강, 파와 함께 나오는 경우가 많다. 미묘하고 섬세한 조직감이 지배한다.
- 입 속의 느낌이 중요하며 감칠맛이 드러나지는 않는다.
- 음식의 질감은 뚜렷하지만 향미는 절제된 편이다.
- 양념은 적게 사용한다.

와인 팁

고려 사항
- 식재료의 신선도와 품질에 맞는 고품질 와인이라야 한다.
- 질감이 섬세하며, 과일향이 절제된 복합적이고 숙성된 와인이 어울린다.

와인 선택
- 고품질 라이트나 미디엄 바디 화이트, 또는 섬세한 레드
- 이스트와 오래 접촉시킨 무게 있는 빈티지 샴페인
- 가볍고 중성적인 와인은 음식을 거스리지 않는다.

추천 와인
- **보완:** 블랑 드 블랑blanc de blanc 빈티지 샴페인; 숙성된 부르고뉴 레드; 숙성된 샤블리 그랑 크뤼; 오스트리아 리슬링 스마라그드 Smaragd; 숙성된 헌터Hunter 세미용
- **동반:** 북부 이탈리아 화이트, 피노 그리조; 앙트르 되 메르Entre-Deux-Mers 화이트; 상세르Sancerre; 루에다Rueda; 보졸레 크뤼; 전통적 방식 스파클링 와인

피할 와인
- 풀 바디, 과도한 과일향, 알코올이 높은 화이트 또는 레드는 부드러운 찜 요리에 지나치게 도전적으로 느껴진다.
- 아주 어리거나 단순한 와인은 직설적이며 미묘함이 없기 때문에 좋은 식재료의 무게와 질감에 맞지 않다.

대표 음식
농어 찜
Steamed garoupa (위)
관자 찜
Steamed fresh scallops
계란 흰자 게살 찜
Steamed crab meat over egg white
생새우 찜
Steamed fresh shrimp (아래)

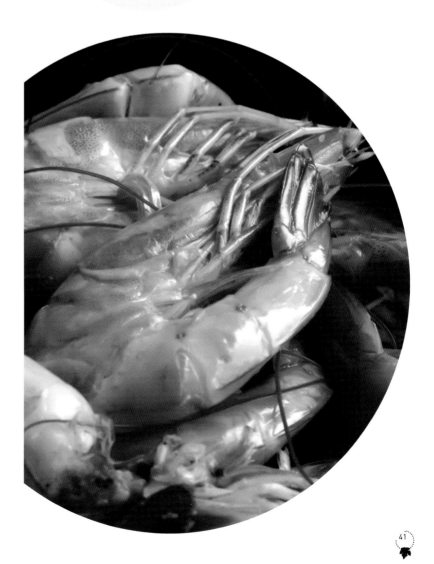

대표 음식

중탕 치킨 수프
Double-boiled chicken soup

야채 육수 조림
Vegetables braised in meat stock (위)

진한 샥스핀 수프
Shark's fin with thick soup stock sauce

중탕 생선 수프Double-boiled fish soup

뭉근한 샥스핀 수프
Shark's fin with slow cooked
superior soup stock

중탕 수프와 육수
DOUBLE-BOILED SOUP & SOUP STOCK

특성
- 약한 불로 오래 우려내 강한 감칠맛이 있다.
- 감칠맛이 많아 미감이 무게가 있다.
- 음식 온도는 뜨겁지만, 숙성된 와인을 마실 때는 덜 뜨거우면 좋다.
- 천천히 오래 조리하여 질감은 은은하고 향미는 미묘하다. 샥스핀은 재료 자체가 섬세하고 질감이 정교하다.
- 원만하고 풍부한 미감이며 피니시는 길다.
- 중탕 수프에 허브나 약초를 첨가하기도 한다.
- 양념은 거의 사용하지 않으나 샥스핀 수프에 가끔 홍초를 곁들인다.

와인 팁

고려 사항
- 강하고 복합적인 질감을 갖춘 품질이 좋은 와인이라야 한다.
- 감칠맛이 강한 음식에는 제3의 병 숙성기를 거친 복합성 있는 와인이 가장 잘 맞다.
- 미묘한 과일향의 풍미 있는 구세계 와인도 좋다.

와인 선택
- 숙성된 고품질의 미디엄이나 풀 바디 화이트 또는 레드와인
- 과일향이 절제된 세련되고 복합적인 와인
- 충분한 병 숙성을 거친 중후한 미감의 빈티지 샴페인

추천 와인
- **보완:** 숙성된 블랑 드 블랑 샴페인; 샤블리 그랑 크뤼 또는 몽라셰 Montrachet; 숙성된 고급 부르고뉴 화이트; 숙성된 보르도 화이트; 숙성된 부르고뉴 레드; 숙성된 그라브Graves 레드 또는 마고 Margaux
- **동반:** 오스트리아 그뤼너 펠트리너 스마라그드Grüner Veltliner Smaragd; 필리니 몽라셰Puligny-Montrachet; 알자스 피노 그리; 부르고뉴 빌라주 급 레드; 샴페인

피할 와인
- 과일향이 짙거나 알코올 도수가 높은 풀 바디 화이트 또는 레드
- 매우 어리거나 단순한 와인은 강한 감칠맛에 맞먹는 미묘함과 무게감이 떨어진다.
- 도전적이며 타닉tannic한 와인은 음식의 섬세한 향미를 방해한다.

블랙 빈 소스 볶음 요리
STIR-FRIED DISHES WITH BLACK BEAN SOURCE

특성
- 뜨거운 열로 조리하여 탄 맛이 나며 감칠맛과 짠맛이 강하다.
- 육류나 해산물, 야채 등 갖가지 재료를 섞는다.
- 탄 맛이 감칠맛의 풍미와 강도를 높여 준다.
- 향을 내기 위해 가끔 생강을 넣는다.
- 기름은 요리에 따라 적당히 사용한다.

와인 팁

고려 사항
- 짠맛과 감칠맛이 중심을 이루기 때문에 레드와인의 강한 타닌과는 부딪친다.
- 가벼운 해산물부터 진한 육류까지 재료가 다양하며, 짠맛과 감칠맛이 강하고 또 기름에 볶기 때문에 비교적 강한 와인이 좋다.

와인 선택
- 타닌이 적당한 과일향 미디엄 바디 레드
- 산미가 단단한 미디엄이나 풀 바디 화이트와인 또는 가벼운 오크 향 와인
- 로제 또는 전통적 방식 스파클링 와인

추천 와인
- **보완:** 신세계 영 피노 누아; 영 부르고뉴 빌라주 급 레드; 과일향 남 프랑스 레드; 영 보르도 화이트; 신세계 서늘한 기후 샤르도네; 캘리포니아 퓌메 블랑Fumé Blanc; NV, 풀바디 샴페인
- **동반:** 단순한 꼬뜨 뒤 론Côtes du Rhône; 과일향 영 돌체토Dolcetto 또는 발폴리첼라Valpolicella; 호주 소비뇽 블랑 세미용 블렌드; 남 아프리카 가벼운 오크 향 슈냉 블랑Chenin Blanc; 남 프랑스 로제

피할 와인
- 타닌이 높은 와인: 짭짤한 블랙 빈 소스와 만나면 더욱 타닉해진다.
- 스위트 와인: 짜고 풍미 있는 음식의 성격을 변화시킬 수 있다.
- 가볍고 섬세한 와인: 블랙 빈 소스에 묻혀 버릴 수 있다.

대표 음식

육류 볶음
Stir-fried meats such as
beef chicken or spare ribs

블랙 빈 소스 크랩
Stir-fried crab
with black bean sauce (아래)

조개 볶음
Stir-fried clams

로스트 또는 바비큐한 육류
ROASTED AND BARBECUE MEATS

특성
- 진한 고기 맛과 간장 기본 소스의 짠맛과 단맛이 가볍게 난다.
- 파삭하고 캐러멜같은 껍질과 즙 많은 살코기의 질감이 대조된다.
- 감칠맛이 강하다.
- 지방 양이 많다.
- 일반적으로 밥이나 국수와 같이 나온다.

대표 음식

로스트 덕
Roast duck (위)

로스트 치킨 또는 구스
Roast chicken or goose

바비큐 포크
Barbecue pork (아래)

돼지 갈비 바비큐
Barbecue spare ribs

와인 팁

고려 사항
- 향미가 강한 와인이 육류의 높은 지방을 버틸 수 있다.
- 음식의 약간 달고 짠맛은 와인의 타닌을 더 강조하게 된다.

와인 선택
- 과일향이 농축되고 타닌과 산도가 단단하게 골격을 갖춘 강한 바디의 레드와인이 맞다.
- 풀 바디 샴페인이나 잘 익은 오프 드라이off-dry 리슬링 또는 산미가 충분한 게뷔르츠트라미너는 대비되는 향미로 좋은 선택이 된다.

추천 와인
- **보완:** 숙성된 꼬뜨 로티Côte-Rotie 또는 에르미타주Hermitage; 숙성된 신세계 또는 서늘한 지역 쉬라즈; 현대적 토스카나 IGT; 바롤로; 현대적 바르바레스코; 아마로네Amarone; 농축된 영 부르고뉴 레드; 신세계 피노 누아
- **동반:** 현대적 키안티; 발폴리첼라Valpolicella; 돌체토Dolcetto; 남부 이탈리아 레드; 알리아니코Aglianico; 프리미티보Primitivo; 남 프랑스 쉬라즈, 그르나슈Grenache, 무르베드르Mourvedre 블렌드

피할 와인
- 요리의 무게와 풍부함에 압도당할 수 있는 라이트 바디 와인이나 중성적 와인은 피해야 한다.
- 과일향이 절제된 섬세한 와인도 맞지 않다.

가벼운 볶음 요리
LIGHT STIR-FRIED DISHES

특성
- 간장 기본 소스의 가벼운 짠맛과 순한 감칠맛이 있으며 뜨거운 열로 조리해 탄 맛이 있다.
- 재료는 대부분 야채를 혼합하며 다양하다.
- 생강과 마늘을 첨가하기도 한다.
- 기름은 적당량으로 음식에 따라 달라진다.

와인 팁

고려 사항
- 야채를 많이 사용하기 때문에 와인은 다양성이 있고 가벼워야 한다.
- 음식의 무게와 향미의 강도가 가벼워 라이트 또는 미디엄 바디 와인이 좋다.

와인 선택
- 다양성이 있고 과일향이 적당하며 절제된 와인 또는 강한 산미의 라이트 바디 와인
- 타닌이 부드럽고 매끄러운 라이트 또는 미디엄 바디 레드와인
- 음식의 기름기를 압도하는 강한 산미를 갖춘 라이트나 미디엄 바디 와인, 또는 가벼운 오크 향 와인
- 로제 또는 전통적 방식 스파클링 와인

추천 와인
- **보완**: 영 부르고뉴 빌라주급 레드; 신세계 피노 누아; 숙성된 리오하; 푸이 퓌메Pouilly-Fumé; 뉴질랜드 소비뇽 블랑; 알자스 피노 그리 또는 리슬링; NV 샴페인
- **동반**: 일상 남부 론 와인; 과일향 영 발폴리첼라; 스페인 루에다 Rueda, 리아스 바이사스Rias Baixas 화이트; 알자스 피노 블랑; 드라이하며 파삭한 로제

피할 와인
- 신선한 재료를 해칠 수 있는 도전적이고 강한 와인
- 간장은 타닌을 강화시키기 때문에 타닌이 부드러운 와인이 좋다.

대표 음식
야채 마늘 볶음
Stir-fried mixed vegetables
with garlic (위)
새우 생강 파 볶음
Stir-fried shrimp with ginger
and green onions
닭 야채 볶음
Stir-fried chicken
with vegetables (아래)

광동식과 어울리는 지니의 5대 추천 와인
Jeannie's Top 5 For Cantonese Cusine

1

신세계 피노 누아
- Pinot Noir, Felton Road, Central Otago, 뉴질랜드
- Block 5 Pinot Noir, Bindi, Macedon Ranges, Victoria, 호주
- Pinot Noir, Kooyong Estate, Mornington Peninsula, Victoria, 호주

2

부르고뉴 레드, 프르미에 크뤼
- Gevrey Chambertin Clos St. Jacques Ier Cru, Domaine Armand Rousseau, Bourgogne, 프랑스
- Chambolle-Musigny 1er Cru les Amoureuses, Domaine G. Roumier, Bourgogne, 프랑스
- Clos de la Roche, Domaine Ponsot, Bourgogne, 프랑스

3

루아르 화이트
- Pouilly-Fumé Buisson Renard, Dombaine Didier Dagueneau, Loire, 프랑스
- Sancerre La Grande Côte, Domaine François Cotat, Loire, 프랑스
- Sancerre La Chapelle des Augustins, Domaine Henri Bourgeois, Loire, 프랑스

4

독일 화이트
- Haardt Muskateller Kabinett Trocken, Müller-Catoir, Pfalz, 독일
- Zeltinger Sonnenuhr Riesling Spätlese Trocken, Selbach-Oster, Mosel, 독일
- Sauvage Riesling, Georg Breuer, Rheingau, 독일

5

NV 샴페인
- Brut Reserve NV, Billecart-Salmon, Champagne, 프랑스
- Brut Contraste NV, Jacques Selosse, Champagne, 프랑스
- Brut Reserve NV, Pol Roger, Champagne, 프랑스

연회와 만찬에 어울리는 지니의 5대 추천 와인
Jeannie's Top 5 For Special Occasions and Banquet

1

숙성된 보르도 레드
- 1982 Château Haut-Brion, Pessac-Léognan, Bordeaux, 프랑스
- 1986 Château Cheval Blanc, St-Emillion, Bordeaux, 프랑스
- 1989 Château Lafite Rothschild, Pauillac, Bordeaux, 프랑스

2

숙성된 북부 론 레드
- 1989 Hermitage La Chapelle, Domaine Paul Jaboulet Aine, Rhône, 프랑스
- 1955 Côte-Rôtie La Landonne, Domaine Rene Rostaing, Rhône, 프랑스
- 1990 Côte-Rôtie, Domaine Jamet, Rhône, 프랑스

3

숙성된 부르고뉴 레드
- 1990 La Tâche, Domaine de la Romanée-Conti, Bourgogne, 프랑스
- 1993 Vosne-Romanée, Domaine Henri Jayer, Bourgogne, 프랑스
- 1996 Romanée-St-Vivant, Domaine Jean Grivot, Bourgogne, 프랑스

4

그랑 크뤼 부르고뉴 화이트
- Puligny-Montrachet 1er Cru Les Combettes, Domaine Louis Carillon, Bourgogne, 프랑스
- Meursault Perrieres 1er Cru, Coche-Dury, Bourgogne, 프랑스
- Chablis Les Clos Grand Cru, Domaine Francois Raveneau, Bourgogne, 프랑스

5

알자스 리슬링
- Riesling Cuvée Frederic Emile, Maison F.E Trimbach, Alsace, 프랑스
- Riesling d'Epfig, Domaine Ostertag, Alsace, 프랑스
- Riesling Altenberg de Bergheim, Domaines Marcel Deiss, Alsace, 프랑스

"고기 써는 것을 보면 사람이 살아온 길이 보인다."

공자

상하이

Chapter 3

3
CHAPTER 상하이

소개

인구 2300만
음식 상하이식; 여러 종류의 국제적 음식
대표 음식 상하이 털게, 사자 머리 미트볼, 취 새우, 돼지고기 찜, 고기 만두(샤오롱바오)
와인 문화 중국 본토에서는 가장 큰 와인 시장으로 수입상과 소매상, 소비자들이 늘고 있다.
수입세 48퍼센트 정도

문화적 배경

상하이는 21세기에 굳건히 발을 딛고 선 현대적인 도시이다. 베이징이 서서히 변화하고 있다면 상하이는 초고속으로 발전하고 있다. 와이탄 거리에 늘어선 1920~30년대를 상기시키는 건물들은 현대적인 상점과 아웃렛으로 멋지게 개조되었다. 상하이는 국제적 도시이자 중국 경제 성장의 중심 도시로 탈바꿈했다. 거리에는 바쁘게 오가는 현지 엘리트들과 해외 이주자들이 넘치고, 새 고층 건물들이 속속 들어서며 세계 각지로부터 흘러들어오는 사치품들이 그득하다. 그러나 아르 데코Art Deco풍 건축과 상하이 주변 식민 시대의 주거 지역은 아직도 '동양의 파리'라는 영화로운 옛날을 기억하게 해준다.

홍콩은 중국과 서양을 잇는 가교로서의 역사는 길지만, 상하이의 성공을 따라가지는 못했다. 작은 무역항이며 어촌이던 상하이는 1842년 난징Nanjing 조약 이후 현대적 도시로 변모해 갔으며, 1930년대에는 중국에서 가장 크고 부유한 상업 도시로 자리잡았다. 영국의 주도 하에 영사관과 외국인들이 이주하고 미국, 영국, 프랑스인들이 모여 국제적인 공동 거주지를 만들었다. 이들은 독자적인 법과 규정을 만들어 외국인 공동체인 조계를 이끌어 갔다. 중국인들은 도시의 부가 성장하기를 바라며 무간섭주의를 지켰다.

거의 100여 년 동안 외국 기업들은 상하이가 중국과 서양

앞 페이지: 상하이와 와이탄의 파노라마
위쪽: 와이탄 야경, 오른쪽: 노점 상인

을 잇는 교역을 관장하며, 무역 중심 도시로 발전하는데 일조를 하였다. 아편 무역이 주를 이루었고 이 수익으로 영국은 무역관과 와이탄의 화려한 빌딩들을 짓는 재원을 마련했다. 세기말 상하이에는 1천여 개의 아편굴이 있었고 도시에는 세력 있는 외국 상인과 중국인 갱, 군벌, 창녀 등이 넘쳐났다.

1940년에는 일본이 장제스Chiang Kai-shek 군대를 패배시키고 상하이를 점령하였다. 1943년에는 서구 세력의 지배가 끝나고 일본이 외국인 거주지를 포함해 전 도시를 장악하였다. 2차 대전 후 일본의 항복으로 국민당이 다시 정권을 잡았으나 외국인들에게 자치권을 돌려주지는 않았다. 1945년 이전에도 장제스의 국민당은 공산당과 내전을 계속하고 있었으나, 1949년 초 대만으로 망명하면서 상하이는 남부 다른 도시들과 함께 공산화되었다. 많은 상하이 거주민들이 외국으로 이주했고 부유한 상인들은 홍콩에서 무역을 재개하였다. 1950년대부터 1980년대 후반까지는

발전이 둔화되었으며, 상하이는 공산화 재교육과 개인 재산 몰수 등으로 수백만의 주민이 빠져나갔다. 중국이 서서히 외국 교역의 문을 열기 시작했으나 상하이는 1990년대까지 그대로 남아있었다. 그후 후앙푸Huangpu 강 동쪽의 넓은 푸동Pudong 지역이 특별 경제 구역으로 허가되고 자치제가 되며 상하이의 경제도 점점 회복되었다.

공산당 근거지였으며 마오쩌둥이 죽은 후 4인방이 이끌던 과격한 정치적 도시가 경제적 도시로 탈바꿈하기 시작했다. 현재는 푸동의 스카이라인이 마치 과학 공상 영화의 세트처럼 솟아있으며 와이탄은 번창하는 국제 구역이다. 상하이의 난징루Nanjing Lu를 오가는 시민들을 보면 정치보다는 최신 유행이나 과학 기술, 사치품들에 더 빠져있는 것처럼 보인다. 이주민들이 옛 외국인 거주지에 모여들기 시작하고 상하이는 다시 한 번 세계에서 가장 바쁜 무역항으로 등장하게 되었다.

음식과 식문화

상하이는 역사적으로 중요한 도시인 난징, 항저우와 지리적으로 가깝다. 그러나 이 두 도시에 비하면 상하이는 역사도 짧고 현대적이다. 식문화는 동부 해안과 양쯔강 유역의 부유했던 이웃들의 영향을 받았다. 마르코 폴로는 13세기 후반에 상하이 근처의 두 도시 쑤저우(소주)와 항저우(항주)를 여행하고 이 도시들의 부와 화려함, 정교함을 찬탄하는 글을 견문록에 남겼다.

양쯔강은 중국에서 가장 긴 강으로 중국을 남북으로 나누며 9개 성이 유역에 펼쳐진다. 상하이는 양쯔강 입구의 남쪽에 위치하고 있다. 북부보다 날씨도 온화하고 비도 훨씬 많아 쌀농사 위주의 문화가 발달하였고 해산물과 야채, 과일도 풍부하다. 동부 해안 도시들의 역사적 번영은 매우 발전되고 세련된 식문화를 만드는데 일조했다. 특히 항저우의 해산물 진미와 페이스트리 종류, 정교한 장식의 요리 등은 수세기 동안 잘 전수되어 아직도 그대로 남아 있다.

중국 북부와는 달리 상하이는 야채와 쌀이 중요한 일상 음식이다. 야채 요리와 여러 가지 해산물 요리가 유명하며 동해안의 해산물 진미들은 전 중국 최고의 식탁에 널리 퍼져 있다. 그 좋은 예가 양쳉호에서 나는 상하이 털게 요리이다. 이 게는 작고 털이 있는 비싼 갑각류로 가을이 절정기이며, 껍질에 도장을 찍고 일련번호까지 붙인 가짜도 많이 나돈다.

상하이에서는 다양한 중국 동해안 특식을 맛볼 수 있다. 소주의 만다린 피시mandarin fish, 소흥Shaoxing의 청주로 요리한 해산물과 육류drunken seafood and meats, 복건성의 각종 수프, 항주의 녹차 새우 볶음shrimp with longjing tea, 진흙 구이 치킨 beggar's chicken(규화계jiaohua ji) 등이 전통 음식이다.

1990년대 이래로 상하이에는 전통식과 현대식, 퓨전 음식점들이 늘어나기 시작했다. 한 가지 특수 음식만 제공하는 오래된 음식점들이 골목 안에 숨어 있기도 하고, 멋진 레스토랑들도 새로 생겨 분위기를 찾는 손님들을 끌기도 한다. '1221'이나 '제스Jesse' 같은 식당은 전통적인 향토 음식점이다. 깨끗하고 현대적인 실내 장식과 코키지를 적게 받으며, BYOB(Bring Your Own Bottle)를 권장하여 인기를 누린다. 5성급 호텔의 고급 레스토랑에서는 일류 요리사들을 채용하여 맛깔스러운 상하이 지역 음식을 즐길 수 있다.

스낵xiao chi은 이 지역의 식사에 빼놓을 수 없다. 한때는 뒷골목에서 먹는 가벼운 음식이었으나 지금은 고급 레스토랑에서 특별한 음식으로 제공하기도 한다. 작은 돼지고기 만두xiao long bao는 현지에서 뿐만 아니라 전 중국에서도 인기 있는 음식이다. 그 외에 고기 야채 만두shuijiao, 고기 군만두shenjian 등이 있고 스낵으로는 양파 튀김 케이크, 쇠고기 누들 수프, 취 두부chou tofu 등이 있다. 퉁찬Tongchuan로나 우장Wujiang로는 상하이의 이름난 먹자골목이다.

지난 수십 년 간 서구 스타일의 레스토랑과 카페, 패스트 푸드점들도 많이 생겨났다. 고급 레스토랑은 장 조르주 본게리흐텐Jean-Georges Vongerichten, 데이비드 라리스David Laris, 자끄와 로랑 푸르셀Jacques & Laurent Pourcel 등 유명한 쉐프들을 영입했다. 현지 식재료와 서구 요리법을 결합하는 실험과 혁신적 요리를 선보이며, 새로운 경험을 원하는 손님들에게 복합적인 맛과 향미를 선사한다. 맥도날드도 대중화되어 음식을 사랑하는 복잡한 도시의 곳곳에 자리 잡고 있다.

오른쪽: 국수 만들기

요리

상하이 음식은 식초나 설탕과 같은 강한 맛과, 섬세한 식재료가 결합한 독특한 풍미다. 광동식과 비교해 보면 해물이나 야채, 가금류 등 재료는 같지만 맛이 더 기름지고 풍부하다. 남부와 마찬가지로 식재료의 신선함을 가장 중요하게 생각하며 계절 음식을 찾는다. 중앙 정부는 위생 상태를 향상시키고 깨끗한 거리를 조성하려고 노력하지만, 주민들은 신선한 재료를 살 수 있는 길거리 노점상이나 재래시장을 더 선호한다.

간장 소스를 주로 사용하며 고기나 야채에 간장과 청주, 설탕, 생강을 넣고 오래 뭉근한 불에 익히는 스튜가 대중적이다. 이를 홍소육hong shaorou, 붉은 요리red cooking 라고 한다. 스튜에는 돼지고기나 고단백 재료를 넣기도 한다. 해산물 스튜는 가벼워야 하지만 대개는 기름지고 진하다. 기름에 익힌 말린 해삼 요리 xiazi dawu shen나 간장, 설탕에 익힌 새우 알 소스huangjiu 등은 전혀 가볍지 않다.

식초로 향미를 내기도 하고 소스도 만든다. 상하이의 북쪽 강소성Jiangsu province 진강Chinkiang에서 나는 검은 쌀로 만든 흑미초black rice vinegar는 특별한 식초로 맛이 뛰어나다. 상하이 요리는 시고 약간 단맛이 주도하며 중국 북부나 서부와는 달리 매운 고추 맛은 거의 없다.

상하이의 바로 남쪽 절강성Zhejiang province의 소흥Shaoxing에서는 유명한 황주huangjiu를 만든다. 소흥주는 청주 닭요리나 새우, 게, 두부 등 많은 청주 요리에 사용한다. 상하이 털게는 생강, 식초 소스와 함께 먹으며 전통적으로 황주와 함께 나온다. 소금에 절여 말린 진화Jinhua 햄도 다양하게 사용한다. 양배추 또는 각종 육류와 같이 먹거나, 수프에 넣기도 하고 냉채 요리에 풍미를 더하기도 한다. 햄은 요리에 감칠맛을 주기 때문에 중국 전역에서 인기가 있다.

남쪽에 위치한 복건성Fujian province의 영향도 확실히 남아 있다. 청주 찌꺼기rice lees를 가금류나 해산물 요리의 기본 소스로 사용한다. 청주 찌꺼기는 감칠맛에 이스트 향과 풍미를 더한다. 복건식 수프는 상하이 식사에 거의 매일 나온다. 햄과 두부, 죽순이 들어간 간단한 수프로 이 지역의 인기 있는 음식이다.

상하이의 전형적 식사에는 참기름과 마늘, 식초로 간을 한 차가운 전채 요리가 나온다. 잘게 썬 야채와 두부, 참기름과 고추로 버무린 오이, 또는 참기름에 무친 얇게 썬 닭고기 등이 들어간다. 간장과 식초, 생강 등 양념에 절인 여러 가지 야채 절임도 늘 먹는 음식이다.

음료와 와인 문화

곡물로 빚은 샤오싱이나 마오타이 등 전통 술은 식문화의 한 장으로 이미 자리잡고 있었지만, 포도로 만든 와인은 상하이를 중심으로 하여 최근에 중국 각 도시로 퍼지기 시작했다. 상하이는 중국에서 가장 서구화 되고 최첨단을 걷는 도시로 수입 와인의 주요 시장이며 수입상들의 집결지이기도 하다. 도시의 스카이라인이 변해가는 것처럼 와인 시장도 커지며 빠르게 변화하고 있다.

전통적으로는 식사와 함께 차를 마신다. 차는 보통 식사 전후에도 마시고, 찻집에서는 주로 스낵과 함께 마시며 담소를 즐긴다. 지금도 상하이에서는 베이징처럼 다양한 종류의 차를 팔며 고급 식당이나 찻집에는 진귀한 갖가지 차를 갖추고 있다.

1990년대 상하이에는 와인 붐이 일어나기 적합한 환경이 조성되었다. 푸동 지역이 외국 투자자들에게 문을 열었고 상하이가 독립 자치시가 되었다. 경제 성장이 두드러지고 동시에 레드와인이 건강에 좋다는 매스컴의 영향도 와인 소비를 부추켰다. 본토의 와인 생산자들도 상하이에 모여 와인 홍보와 광고를 시작했으며 식음료 산업이 급성장했다. '엠온더분트'M on the Bund나 '장 조르주'Jean Georges 같은 레스토랑은 여행객이나 이주민, 현지인들에게 멋진 와인 리스트를 선보이기 시작했다.

2001년 중국이 WTO에 가입하며 와인세가 14퍼센트로 인하되었지만 대부분 시민들에게 와인은 아직도 바라보기만 하는 비싼 술이다. 그러나 중국산 와인의 품질이 나아지고, 수입상과 소매상들의 경쟁으로 와인 가격이 낮아지며 점차 변하고 있다. 지금은 슈퍼마켓이나 고급 와인숍 또는 작은 가게에서도 와인을 쉽게 살 수 있다.

상하이 음식과 와인 대조표

음식의 향미		와인의 성격		음식의 미감	
• 짠맛	●●●●○	• 당도	드라이, 오프 드라이	• 무게/풍부함	●●●●○
• 단맛	●●●●●	• 산도	●●●●●	• 기름기	●●●●●
• 쓴맛	●○○○○	• 타닌	●●●●○	• 질감	●●●●○
• 신맛	●●●●○	• 바디	●●●○○	• 온도	●●●○○
• 스파이스	●○○○○	• 향미의 강도	●●●●●		
• 감칠맛	●●●●○	• 피니시	●●●●○		
• 향미의 강도	●●●●○				낮음 ●●●●● 높음

위쪽: 소흥주
오른쪽: 춘장 꽃게 떡 조림Braised crab with rice cakes in bean paste

와인과 상하이 음식

식초를 치고, 약간의 단맛과 기름기가 많은 상하이 음식에는 산미가 단단하고 파삭한 와인이 문제를 풀 수 있다. 음식의 신맛은 와인의 어떤 과일향도 누르기 때문에 적당한 와인을 고르기가 상당히 어렵다. 이론적으로는 산도가 서로 맞아야 한다. 그러나 상하이 음식은 설탕이나 기름기 등으로 신맛이 약간 누그러지기 때문에 부드럽게 느껴진다. 따라서 산미가 상큼하며 과일향이 두드러진 미디엄 또는 풀 바디 와인도 잘 어울린다.

농축되고 무게감이 있는 알자스 화이트는 과일향이 활발하며 산미도 강하여 찬 전채 요리나 생선 요리에 잘 어울린다. 독일 화이트도 좋은 선택이다. 전통적 오프 드라이off-dry 와인이나 약한 스위트 와인도 설탕을 살짝 치는 가벼운 상하이 음식과 어울린다.

상하이 음식에 맞는 와인은 우선 상큼한 느낌을 주는 산도가 높은 와인이라야 한다. 레드와인은 서늘한 지역에서 생산되는 와인이 좋고, 화이트와 로제도 시원한 산미가 중요하다. 육류 스튜 같은 몇몇 진한 음식과는 알코올 함량이 높거나 산도가 낮은 와인도 무난하게 어울릴 수 있다. 과도한 과일향 와인은 섬세한 감칠맛을 압도하며, 타닌이 높은 와인은 음식의 짠맛을 더 강조하게 된다.

와인의 다양성도 중요하다. 신맛이 강하고 마늘 향이 있는 찬 전채부터 육류 스튜나 해산물 찜, 짭짤한 진화Jinhua 햄을 넣은 뜨거운 요리까지 다양한 상하이 음식과 맞아야 한다. 서늘한 지역의 피노 누아나 과일향 산조베제는 다양성이 있다. 식초나 생강, 또는 짠맛과 같은 강한 맛에 대항할 수 있는 강한 과일향 와인도 좋은 선택이다. 리슬링이나 피노 그리조, 서늘한 지역의 오크 향 없는 샤르도네 등도 다양성을 갖춘 화이트 와인이다.

청주 찌꺼기가 들어간 요리나 진화 햄 요리, 진한 육수에 조리한 해산물 등 많은 상하이 음식들이 감칠맛이 강하며 보기보다 진하다. 이런 음식은 유럽의 서늘한 지역의 숙성된 전통적 레드와인과 잘 어울린다. 음식의 감칠맛에 와인이 공명하며 와인의 산미는 음식의 풍부함과 균형을 이룬다. 숙성된 와인은 세밀하게 짜인 질감으로 미묘함을 더하여 영 와인보다 훨씬 더 다양성이 있다. 부르고뉴나 북부 론, 북부 이탈리아 등의 오래된 레드 와인은 세련된 상하이 음식과 멋진 보완을 이룬다.

상하이 진미 중 최고는 강소성의 양청호 산 털게이다. 다리가 털로 덮힌 갑각류로 가을에 양자강 입구에서 짝짓기를 하기 위해 동쪽으로 헤엄쳐간다. 즙 많은 알이 가득 찬 암컷은 10월 중에 잡히고 수컷은 늦가을에 제일 맛이 있다. 게는 찬 음식이므로 몸을 따뜻하게 해주는 황주가 어울린다고 한다. 양청호의 게는 게 중에서도 롤스로이스에 속하며 1킬로그램당 US $50~$100의 가격으로 아시아 각지에 수출된다. 꼬리표와 레이저로 일련번호도 새기고 집게발에 고리까지 채우며 가짜를 방지하지만 최고품으로 팔리는 털게 중 거의 절반이 가짜라고 한다.

대표 음식

마늘 소스 오이 냉채
Garlic cucumber with sesame oil (위)
닭고기 당면 냉채Glass noodle
with shredded chicken and sesame sauce
두부와 청채Diced green vegetables
with hard tofu
카오푸Spongy, sweet brown
wheat bran kaofu

참기름, 간장, 식초, 마늘에 버무린 냉채
COLD DISHES WITH SESAME OIL, SOY SAUCE,
VINEGAR AND GARLIC

특성
• 질감이 다양하고 가볍다.
• 마늘과 식초, 참기름 또는 간장과 설탕이 섞인 복합적인 향미이다.
• 감칠맛은 중간 정도이다.
• 기름기는 적다.
• 음식은 차거나 실내 온도로 서빙한다.

와인 팁

고려 사항
• 다양한 재료의 질감을 돋보이게 하려면 다양성 있는 라이트 바디 와인이 좋다.
• 견과류 향이 나는 참기름이 들어간 음식에는 통 발효를 한 와인, 또는 산미가 충분한 과일향 화이트가 마늘 냄새도 버틸 수 있다.

와인 선택
• 산미가 강한 라이트 또는 미디엄 바디의 다양성 있는 와인
• 탄닌이 적당한 라이트 바디 레드와인
• 가벼운 오크 향과 상큼한 산미의 미디엄 바디 화이트와인
• 로제와 전통적 방식 스파클링 와인

추천 와인
• **보완**: 영 부르고뉴 빌라주급 레드: 서늘한 기후, 신세계, 가벼운 오크 향 샤르도네; 푸이 퓌메Pouilly-Fumé; 알자스 피노 그리; 게뷔르츠트라미너 또는 리슬링; 독일 카비네트Kabinett 또는 리슬링 트로켄Trocken; 빈티지 샴페인
• **동반**: 신세계 라이트 바디 피노 누아; 현대적 리오하Rioja 화이트; 피노 그리조; 남프랑스 로제; 전통적 방식 스파클링 와인

피할 와인
• 과일향이 강한 풀 바디 와인, 가벼운 음식을 압도하는 강한 오크 향 와인

가벼운 해산물과 식초 소스
LIGHT SEAFOOD WITH VINEGAR DIP

특성
- 라이트 바디며 섬세하고 살 즙이 많다.
- 식초 소스가 보편적이며 간장이나 생강. 파를 섞은 소스도 있다.
- 섬세한 질감과 강한 식초 맛이 대비가 된다.
- 감칠맛은 드러나지 않는다.

대표 음식
털게 찜
Steamed hairy crab
녹차 새우 볶음
Stir-fried baby shrimp
with longjing tea leaves (위)
게알 소 찐 만두
Steamed crab
roe dumplings (아래)

와인 팁

고려 사항
- 식초 맛이 강하기 때문에 와인도 충분한 산미가 있어야 한다.
- 식재료가 가볍고 섬세하기 때문에 라이트 바디 와인이 맞다.
- 고급 식재료의 섬세한 질감과 맞으려면 와인도 이에 맞는 미감과 질감을 지녀야 한다.

와인 선택
- 서늘한 지역의 라이트 바디 화이트 또는 섬세한 레드
- 상큼한 산미의 스파클링 와인

추천 와인
- **보완:** 빈티지 샴페인; 가벼운 부르고뉴 레드, 볼네이Volnay; 샤블리 그랑 크뤼; 오스트리아 리슬링 스마라그드Smaragd; 리아스 바이하스Rias Baixas; 부브레이Vouvray
- **동반:** 북부 이탈리아 화이트; 루에다Rueda; 보졸레 크뤼; 신세계 스파클링; 남 프랑스 로제

피할 와인
- 따뜻한 지역의 산도가 낮은 와인은 음식의 신맛에 눌린다.
- 미묘함이 없는 강한 과일향. 풀바디 화이트나 레드도 맞지 않다.

청주 요리
DRUNKEN DISHES

특성
• 비교적 가벼운 해산물이나 육류에 강한 술 향이 배인다.
• 감칠맛의 농도가 높다.
• 미묘한 맛과 질감을 갖고 있다.
• 뜨겁거나 차게 서빙한다.
• 기름기는 적다.
• 일반적으로 양념은 쓰지 않는다.

와인 팁

고려 사항
• 미묘한 향미의 와인이 가벼운 식재료와 어울린다.
• 촘촘한 구조와 질감의 와인이 음식의 섬세한 질감과 균형을 이룬다.
• 기본 재료 보다는 소스의 짠맛이나 스파이스 또는 풍미의 강도가 더 중요하다.

와인 선택
• 서늘한 지역의 절제된 과일향 미디엄 바디 와인
• 타닌의 질감이 섬세한 숙성된 레드
• 복합적인 풍미와 중후한 미감을 지닌 미디엄에서 풀 바디 화이트

추천 와인
• **보완:** 빈티지 샴페인; 숙성된 부르고뉴 레드; 숙성된 바롤로; 부르고뉴 그랑 크뤼 화이트; 꽁드리외Condrieu; 알자스 피노 그리
• **동반:** 전통적 방식 스파클링; 소아베 클라시코; 리오하 화이트; 보르도 화이트; 푸이 퓌메Pouilly-Fumé; 보졸레 크뤼; 꼬뜨 뒤 론Côtes du Rhône

피할 와인
• 과일향이 강한 풀 바디 화이트나 레드는 음식의 섬세한 향미를 해친다.
• 단순한 와인은 음식의 질감에 어울리는 미묘함과 무게감이 모자란다.

대표 음식

닭/오리 소금구이
Salted chicken or duck

염장 삼겹살 찜
Steamed salted pork (위)

진화 햄 샥스핀 수프
Shark's fin soup
with Jinhua ham

짠 음식과 햄이 들어간 수프
SALT-BASED DISHES & SALTY HAM-INFUSED SOUP

특성
- 짠맛이 강하며 가끔 가벼운 식재료도 사용한다.
- 감칠맛의 강도가 높다.
- 육류에서 해산물, 야채까지 재료가 다양하다.
- 지방 함량은 많지 않다.
- 뜨겁게 서빙 한다.

와인 팁

고려 사항
- 짠맛과 감칠맛이 강하므로 타닌이 부드럽고 과일향이 충분한 와인이 짠맛과 균형을 이룰 수 있다.
- 감칠맛 함량이 높아 짠맛을 감싸주기 때문에 병 숙성된 와인이 잘 어울린다.

와인 선택
- 타닌이 비교적 부드럽고 과일향이 나타나는 숙성된 미디엄 바디 레드와인
- 미디엄이나 풀 바디 화이트 또는 오크 향이 있는 와인도 좋다.

추천 와인
- **보완:** 신세계 또는 구세계의 과일향 영 피노 누아; 숙성된 북부 론 레드; 영 부르고뉴 빌라주 급 레드; 과일향 남 프랑스 레드; 통 발효한 영 보르도 화이트; 서늘한 기후의 신세계 샤르도네; 캘리포니아 퓌메 블랑Fumé Blanc; 풀 바디 빈티지 샴페인
- **동반:** 단순한 남부 론; 과일향 돌체토Dolcetto 또는 발폴리첼라 Valpolicella; 뉴질랜드 소비뇽 블랑; 남아공의 약한 오크 향 슈냉 블랑Chenin Blanc; 남 프랑스 로제

피할 와인
- 음식의 짠맛은 와인의 타닌을 더 강화시킨다.
- 와인의 과일향이 활달하지 않으면 음식의 짠맛을 누르지 못한다.
- 음식의 질감이 뛰어나고 향미가 복잡 미묘하므로 와인은 중후한 미감이 있어야 한다.
- 스위트 와인은 음식의 짠맛과 풍미를 변화시킨다.

레드 소스 또는 브라운 소스 스튜
STEWED AND BRAISED DISHES WITH RED OR BROWN SAUCE

대표 음식

삼겹살 스튜
Stewed pork belly

돼지 발목 조림
Braised pork knuckle

고기 완자 조림
Braised meat balls in casserole (아래)

생선 조림
Braised whole fish

특성
- 여러 가지 재료에 짜고 풍부한 향미가 스며든다.
- 대부분 풀 바디이며 춘장soybean paste 맛의 강한 풍미이다.
- 기름진 돼지고기와 생선 야채 등 기본 재료가 다양하다.
- 지방은 적당하거나 약간 높다.
- 감칠맛은 강하다.
- 일반적으로 밥과 같이 나온다.

와인 팁

고려 사항
- 짠맛과 감칠맛이 강하여 타닌이 부드러운 과일향 화이트나 레드와 인이 좋다.
- 비교적 지방이 많아 상큼한 레드와인도 어울린다.
- 짜고 향미가 많은 음식에는 과일향의 강도가 충분해야 한다.

와인 선택
- 타닌이 부드럽고 적당하며 과일향이 있는 미디엄이나 풀 바디 레드
- 과일향이 충분한 숙성된 레드는 음식의 강한 감칠맛과 잘 어울린다.
- 단단한 산미를 갖춘 풀 바디 화이트와인
- 보르도나 론의 과일향 로제

추천 와인
- **보완:** 숙성된 북부 론; 과일향 샤또네프 뒤 파프; 높은 고도의 아르헨 티나 말벡Malbec; 리베라 델 두에로Ribera del Duero; 서늘한 지역 의 시라Syrah 또는 진펀델Zinfandel; 서늘한 지역, 오크통 숙성된 샤 르도네; 잘 익은 알자스 화이트
- **동반:** 알리아니코Aglianico; 산미가 충분한 남부 이탈리아; 과일향 꼬 뜨 뒤 론; 발폴리첼라 또는 리파소Ripasso; 론 화이트; 그레코 디 투 포Greco di Tufo; 메를로 또는 카베르네 기본 로제

피할 와인
- 활기 없는 와인이나 알코올이 높은 와인은 상큼하지 않아 무게 있는 음식과 어울리지 않는다.
- 춘장 맛이 타닌을 강조하므로 타닌이 높은 와인은 좋지 않다.
- 가볍고 섬세한 와인은 음식의 강한 향미에 압도당한다.

상하이 음식과 어울리는 지니의 5대 추천 와인
Jeannie's Top 5 For Shanghaines Cusine

1

숙성된 샤토네프 뒤 파프

- 1990 Châteauneuf-du-Pape, Château de Beaucastel, Rhône, France
- 1995 Châteauneuf-du-Pape, Clos des Papes, Rhône, France
- 1998 Châteauneuf-du-Pape Cuvée Chaupin, Domaine de la Janasse, Rhône, France

2

신세계 피노 누아

- Pinot Noir, Bannockburn Vineyards, Geelong, Victoria, Australia
- Pinot Noir, Calera, Santa Barbara, California, USA
- Pinot Noir, Ata Rangi, Martinborough, New Zealand

3

캘리포니아 퓌메 블랑

- Fumé Blanc Reserve, Robert Mondavi, Napa Valley, California, USA
- Fumé Blanc, Château St. Jean, Sonoma, California, USA
- Fumé Blanc Reserve, Ferrari-Carano, Sonoma, California, USA

4

알자스 피노 그리

- Pinot Gris Laurence, Domaine Weinbach, Alsace, France
- Pinot Gris Clos Rebberg aux Vignes, Domaine Kreydenweiss, Alsace, France
- Pinot Gris Le Fromenteau Grand Cru, Domaine Josmeyer, Alsace, France

5

빈티지 샴페인

- 1996 Krug, Champagne, France
- 1999 Grand Annee Rosé, Bollinger, Champagne, France
- 1985 Oenothèque, Dom Pérignon, Champagne, France

오른쪽: 상하이 털게

"우리는 원하는 삶을 살기보다 할 수 있는 일을 하며 살아갈 뿐이다."

맹자

베이징

Chapter 4

4 CHAPTER 베이징

소개

인구 1560만
음식 북부 중국식; 중국 서부, 동북부, 해안 지역의 영향을 받은 복합적 음식
대표 음식 베이징 덕, 진한 소스면, 냄비 요리, 내장 요리, 찐빵(만토우, 바오쯔)
와인 문화 성장하는 와인 시장으로 중국 5대 와인 소비 도시에 꼽힌다. 수요는 지난 5년간 두 자리 숫자로 늘어나고 있다.
수입세 48퍼센트 정도

문화적 배경

베이징에서는 깨어나는 거인의 숨은 힘을 느낄 수 있다. 중국의 다른 도시들이 번쩍이는 마천루와 대리석 빌딩으로 에너지와 역동성을 보여준다면, 베이징은 제 방식에 따라 흔들리지 않고 서서히 움직인다. 표준어도 말이 느릿하며 r 발음을 수없이 천천히 굴린다. 세계에서 가장 큰 광장인 천안문 광장Tiananmen Square을 거닐면 세계의 중심으로 변해 가고 있는 중국을 느낄 수 있다. 만리장성Great Wall과 천단 Temple of Heaven, 자금성Forbidden City 등 베이징 시나 근처의 명소들도 성장하는 중국의 국제적 영향력에 힘을 보탠다.

수도로서 베이징의 역사는 10세기부터 시작하여 여러 왕조를 이어왔다. 요Liao 왕조는 베이징을 변방 수도로 삼았으며, 금

Jin 왕조(1115~1234)는 수도를 아예 천도하며 이곳을 중도middle capital라고 불렀다. 두 왕조는 굳건한 성으로 둘러 싼 큰 도시를 건설했으나 1215년 징기스칸Genghis Khan에 의해 파괴되었다. 60여년 후 그의 손자 쿠빌라이칸Kublai Khan은 베이징을 재건하여 중국의 동부 해안으로부터 러시아, 중동과 동 유럽을 포함하는 거대한 왕국을 세웠다. 그 후 1368년에 명Ming 왕조가 건립되어 몽고족의 궁전을 뒤엎고 새로운 명 제국의 도시를 건설하였다. 명 왕조는 베이징을 수도로 삼고 통치한 최초의 순수한 중국 왕조였다.

300여 년 후 명 왕조는 부패로 몰락하고 농민과 환관들의 불만이 넘쳐났다. 1644년의 농민 반란은 만주족들이 세력을 잡을

앞 페이지: 베이징의 자금성
위쪽: 중국의 만리장성   오른쪽: 왕푸징Wangfujing 거리

기회를 주었으며 이들은 결국 청Qing 왕조를 세우게 되었다. 통치 전반기는 비교적 평화로웠지만 후반기에는 갈등이 심해져 1911년에 붕괴되었다.

멸망하기 전까지 주변 세력들의 침입과 반란이 이어졌으며 1900년 의화단 사건The Boxer Rebellion이 말미를 장식하였다. 외국인을 혐오하는 포악한 의화단은 서태후가 방관하는 동안 외국 공사관 지역을 포위하고 공격했다. 몇 달 후에는 유럽 세력이 베이징을 탈환하게 된다.

이후 서구의 영향으로 여성 교육과 경찰 제도, 도서관 설립, 도시 시설 개선 등 현대 사회의 기반이 되는 많은 개혁이 진행되었다. 청 왕조가 멸망하면서 국민당이 중화민국을 세웠고 쑨원(손문Sun Yat-sen)이 첫 대통령이 되었다. 그러나 중국 남부를 거점으로 하였던 약한 정부는 곧 북부의 공산당, 군벌들과 세력 다툼을 하게 되었다.

1937년 일본은 베이징과 이웃 텐진Tianjin을 쉽게 점령하며 만주를 비롯해 중국 본토에 일본 제국을 확장하였다. 베이징은 1945년까지 일본 치하에 있었다. 2차 대전 후 베이징은 다시 국민당에게 돌아갔지만, 곧 공산당이 세력을 키우면서 1949년에는 마오쩌둥Mao Zedong의 승리로 이어졌다. 이후 두 번의 침체기가 왔다. 1958년 마오쩌둥의 대약진 운동은 철 생산 증대와 농산물의 자급자족을 위해 집단 노동 방식으로 추진되었다. 그러나 이 운동은 결국 실패하여 기근이 만연하게 되고 수백만 명이 목숨을 잃게 된다. 그후 1966년부터 10년의 문화혁명이 뒤따랐다. 자유주의와 자본주의적 정치, 경제 이념을 제거할 목적으로 시작한 이 운동은 오히려 중국 사회에 필요한 경제 개혁을 위한 힘과 자원을 분산시키게 되었다.

현대 중국 사학자들은 중국 변화의 시발점을 1976년 마오쩌둥의 죽음으로 본다. 후계자 덩샤오핑Deng Siaoping은 1980년과 1990년대에 외부 지향적 경제 계획으로 폭발적인 경제 성장을 이루었다. 이를 발판으로 해안 도시들이 경제 특구로 지정되고 내륙의 성들도 단계적으로 개방을 시작했다. 외국 자본 역시 새로운 기반 시설과 산업을 위해 투입되었다.

중국은 마침내 세계 제조업의 중심으로 21세기에는 세계 무대의 중심에 우뚝 선 강대국이 되었다. 2008년 베이징 올림픽은 초강대국으로써의 데뷔 무대가 되었으며, 세계와 연결되는 역사의 장을 여는 중국인의 자존심을 분명히 보여주었다.

음식과 식문화

베이징의 긴 역사와 아름다운 건축물들은 다른 도시들과는 구별되는 식문화 환경을 조성한다. 전통적인 후통hutongs 지역의 좁은 골목길들은 특이한 분위기이다. 왕조 시대 건물들과 마당이 있는 집들도 음식점으로 개조된 곳이 많다.

중국 북부의 겨울은 0도 이하의 혹한이 계속되며 기온이 영상으로 올라가는 날이 년중 180일 정도밖에 되지 않는다. 따라서 극단적인 기후가 식문화에 가장 큰 영향을 미친다. 추위를 견디기 위해 뜨거운 음식을 푸짐하게 먹어야 하며, 식탁에서 끓이든지 냄비 채 먹어야 한다. 음식은 걸쭉하며 대개 검은 춘장soybean paste(일본의 미소보다는 훨씬 더 자극적이고 짜다)을 넣는다. 고추는 몸에 열이 나게 하므로 현지 음식에 많이 사용하고 매운 사천식 요리도 대중적으로 널리 퍼져 있다. 긴 겨울 양식으로 피클을 만들고 육류나 야채를 보존하기 위해 소금에 절이거나 말린다.

여름은 너무 더우며 짧은 봄 동안은 황사에 시달린다. 전통적으로 야채는 배추와 무를 주로 먹었으나 요즈음은 유통이 발달되어 일 년 내내 갖가지 채소들을 살 수 있게 되었다. 비가 적기 때문에 쌀농사보다는 밀농사가 더 잘 되어 밀가루 꽃빵mantou이나 소를 넣은 빵bread pockets, 우동 면thick noodles이 이들의 주식이 되었다.

베이징은 50개가 넘는 다양한 소수 민족이 사는 거대한 중국의 수도이다. 800년이 넘는 긴 역사와 전통을 자랑하며, 음식 문화도 그에 못지않게 풍부하다. 특히 몽고족과 한족, 만주족의 음식이 식문화에 많은 영향을 끼쳤다. 몽고족은 북부 유목민의 후예로 양고기와 가금류, 내장 등 육류를 상식하며 스튜를 만들거나 굽거나 삶기도 하며 만두를 빚기도 한다.

15세기 수도를 난징에서 베이징으로 옮긴 명Ming 왕조의 궁중 음식은 중국 남부 한족의 영향을 받았다. 북부 유목민의 후예와 다른 특징으로 명 시대에는 생선과 야채를 좋아하고 과일도 먹기 시작했다. 궁중 의사들이 이시진의 〈본초강목Li Shizhen's Bencao Ganmu〉 같은 영양과 건강에 대한 책들도 소개하여 음식에 관심을 갖게 되었다.

청Qing 왕조의 중요한 연회에는 검은 곰 발바닥이나 상어 지느러미와 같은 비싸고 귀한 음식이 올랐다. 연회에 등장하는 음식은 100가지 이상으로 모두 달랐으며 그 양이나 순서도 정확히 지켰다. 청 왕조의 궁중 음식은 현재 베이징의 베이하이 공원Beihai Park에 있는 '팡산Fangshan' 레스토랑이나 차이나 월드 트레이드 센터에 있는 '메이웨이전Meiweizhen'에서 전수되고 있다. 청 왕조의 정부 청사를 조심스레 개조한 세련된 레스토랑 '티안디이자Tiandi Yijia'에서도 그대로 재연하고 있다. 청과 명 왕조의 음식도 물론 건강에 좋은 식재료를 중요시한다.

중국과 한국의 한의사들은 음식을 신체의 조화를 이루고 건강을 돕는 음양의 개념으로 받아들이고 있다. 지방과 단백질이 많고 스파이시한 음식은 양이며, 수분이 많은 야채나 과일 등은 음이다. 몸이 약한 사람은 대체로 음 체질에 속하고 양 음식이 몸의 음과 양을 조절하여 중성으로 만든다고 믿는다. 포도로 만든 와인은 음에 속한다.

위쪽: 찐빵

현대 베이징의 음식은 인근 여러 지역에서 많은 영향을 받았다. 특히 바로 남쪽 산동성Shandong의 수프나 해산물, 볶음, 찜 등 가벼운 요리는 베이징 현대 식탁의 조리법으로 전수되고 있다. 산동 지역 사람들이 즐겨 먹는 잉어와 붕어 등 민물 생선이나 해삼과 굴, 조개, 크림 수프도 인기 있는 음식이다.

1976년 마오쩌둥이 사망하기 전까지 베이징의 식문화는 사막과도 같았다. 개인이 운영하는 레스토랑은 전무했고 1980년대부터 겨우 생기기 시작했다. 옛 후통hutongs 지역에 있는 '유에빙 판주앙Yuebing Fanzhuang' 같은 개인 레스토랑에 가는 것은 베이징의 보통 시민들에게는 큰 나들이였다. 1980년 이전에는 길거리 음식 수레에서 소가 든 찐빵이나 만두, 고구마 등 싸고 맛좋은 간단한 스낵을 팔 뿐이었다.

1949년 공산당 정부 이전에 있었던 개인 레스토랑은 1950년대에 점차로 공영화되었다. 모택동과 리처드 닉슨의 만찬에 베이징 덕을 선보인 유서 깊은 '추엔주더Quanjude' 레스토랑도 그 중 하나이다. 공영 식당을 사유화하거나 외국 투자를 영입하는 것은 거의 불가능 했다.

1970년대 중국이 가난에서 벗어나게 되자 찻집이 다시 활기를 띠게 되었다. 이러한 찻집은 남부의 얌차yum cha(찻집에서 하는 가벼운 식사)와 같이 간단한 스낵을 팔고 지역 사회의 모임 장소로 기능을 한다.

1980년대 중반을 시작으로 레스토랑이 생기며 식문화의 장이 재개되었다. 거대한 나라의 수도로 세계에 문을 연 베이징은 세계 곳곳의 손님들을 맞는 중심지가 되기도 했다. 외국 투자자들과 관광객들, 정부 관리들이 밀려들어 식문화에 활기를 불어넣고 외교 사절이나 부유한 주민들이 도시에 모여 살며 외식도 부쩍 늘어나게 되었다.

아시아의 다른 지역도 비슷하지만 베이징의 레스토랑도 개별적인 특수 요리로 평판을 얻고 있다. 귀한 차만 파는 찻집인 '샹윤슈엔Shang Yun Xuan' 다관에서는 차 한 주전자에 US $1,700도 호가한다. 많은 식당들이 최고의 베이징 덕을 자랑하지만 '다동Da Dong'과 '화자이웬Hua Jia Yi Yuan'이 주민들 사이에 평판이 좋고 '추엔주더Quanjude'는 심한 경쟁으로 인기가 떨어진 것 같다. 베이징은 만두와 로스트 미트, 진한 소스면, 고추기름 생선, 뜨거운 냄비 요리 등 평소에 먹고 싶어 하던 특별한 음식을 제대로 맛볼 수 있는 곳이다.

1990년대는 음식도 맛깔스럽지만 분위기도 새롭고 멋진 레스토랑이 생기기 시작했다. '코트야드The Court yard'는 1997년에 청 왕조의 궁전이었던 역사적인 장소에 세워졌다. 내부는 현대식으로 꾸몄지만 자금성이 보이며 해자가 둘러싼 경관은 동떨어진 세대로 옮겨간 것 같은 황홀감을 준다. 이후로 많은 레스토랑이 역사적 현장의 자연미를 살려 멋지게 변신했다. 유쾌한 운남Yunnan 식당인 '달리Dali'와 식욕을 돋우는 사천식 식당 '소스The Source'가 그 예이다.

20여 년 전부터는 분위기가 완전히 바뀌어 중국의 지역 음식점들도 서양 식당과 패스트푸드 체인과 나란히 공존하며 쉽게 눈에 띄게 되었다. 그러나 베이징은 다른 도시와는 다른 주위 환경과 분위기가 있다. 식문화의 역사가 깊으며, 화려하지 않은 은은함이 배어 있고 심미안에 대한 존경심이 있다. 빠른 성장 속도에도 불구하고 베이징은 아직도 세월 앞에 서두르지 않으며, 시간이나 날짜보다는 세대와 세기를 바라보는 사려 깊음이 남아 있다.

요리

일반적으로 베이징 음식은 중국 북부 음식으로 분류되며, 음식의 영향은 서쪽으로는 신강성Xinjiang까지, 동쪽으로는 흑룡강성Heilongjiang까지 미친다. 남부 한족의 영향을 받은 명 왕조의 음식은 산동성Shandong과 강소성Jiangsu, 절강성Zhejiang, 복건성Fujian 음식도 포함한다. 여러 왕조를 거치며 요리사들이 베이징으로 모여들었고 음식도 뒤섞이게 되었다. 외부에서 흘러 들어와 베이징 고유의 음식으로 뿌리를 내린 경우도 있지만, 베이징 음식은 중국의 다른 지역과는 구분이 되는 특징이 있다. 궁중 요리의 본고장으로, 쌀보다는 밀 위주이며, 대부분 요리에 검은색의 진한 소스를 사용하며 음식이 진하다. 식탁에서 끓이거나 뜨겁게 먹는다.

왕족이나 귀족들이 먹던 궁중 요리의 역사는 수천 년을 거슬러 올라가지만 현대의 궁중 요리는 명과 청 왕조에서 전래되었다. 청 왕조의 사치스런 연회에서는 희귀하고 이국적인 식재료가 건강에 좋다며 포함되기도 했다. 동물의 생식기, 낙타의 혹, 원숭이 입술, 곰 발바닥 등이다. 청 왕조는 상어 지느러미와 제비집 요리를 특히 귀하게 여겼다. 닭이나 오리 등 일반적인 육류나 생선 등도 세심하게 조리하여 상에 올렸다. 베이징 사람들은 궁중 요리에 자부심을 갖지만 손님을 접대할 때 외에는 거의 찾지 않는다. 보기에는 깊은 감명을 주지만 풍미는 그만하지 못하다고 생각하기 때문이다.

베이징 주민들의 일상 음식은 단순하고 맛이 좋다. 고기는 거의 매일 밥상에 놓인다. 몽고 왕조에서 유래한 양고기는 뜨거운 냄비 요리나 스튜 또는 바비큐를 하여 늘 먹는다. 돼지고기도 한족에게는 주 식품이며 닭이나 오리, 거위 등 가금류도 좋아한다. 로스팅이나 스튜, 바비큐, 찜 등은 일상적인 조리법이며 육류의 맛이 풍부해지고 향미가 좋아진다.

유통 구조가 현대화되기 전에는 쌀이 귀하여 밀로 만든 빵이 거의 모든 식탁에 올랐다. 지금은 쌀이 흔하지만 소를 넣은 빵이나 찐빵도 계속 북부 사람들의 밥상에 오른다. 밀을 주로 한 식품은 만두와 검은 간장 기본 소스의 여러 가지 면 종류가 있으며 고추나 마늘, 리크, 파, 참기름, 중국 파슬리 등으로 맛을 돋운다.

베이징 덕의 역사는 700여 년 전 원Yuan 왕조로 거슬러 올라간다. 재료 준비와 조리 방법도 이 특별 요리를 파는 레스토랑의 수만큼 많다. 그러나 어디에서나 같은 점이 있다. 오리는 두 달을 키운 후 잡는다. 강제로 잘 먹인 기름진 오리를 손질하여 내장을 꺼내고 실로 꿰맨다. 로스팅 할 동안 껍질을 파삭하게 굽기 위해 공기를 껍질과 살코기 사이에 불어 넣어 기름이 톡톡 떨어져 나오게 한다. 다음 걸어서 말리고 오븐에 굽기 전에 맥아당을 껍질에 바른다. 전통적 레스토랑에서는 미식가들이 좋아하는 아로마를 더하기 위해 원통형 진흙 오븐에 매달아 생불에 굽는다. 먹는 방법도 다양해서 파삭한 껍질을 설탕과 마늘과 함께 먹는다든지, 껍질과 살코기를 잘라 얇은 크레페에 싸서 먹든지, 또는 살코기와 야채를 썰어 상추에 싸 먹을 수 있다.

위쪽: 베이징 덕 자르기   오른쪽: 베이징 덕 크레페

음료와 와인 문화

중국의 차도 알코올 음료와 마찬가지로 수천 년의 역사를 갖고 있다. 차 문화는 널리 보급되어 있고 찻집은 늘 사교적 모임의 장소가 되어왔다. 요즘은 건조한 몽고와 티베트 지역 외의 거의 모든 주에서 차를 재배하고 있다. 차의 세계도 와인의 세계처럼 복잡하다. 차나무camellia sinensis는 300여 종이나 되며 테루아와 재배, 채취 방법, 고르기, 말리기 등 과정에 따라 품질이 달라진다. 보이차pu-er와 녹차green tea, 우롱차oolong 등 여섯 가지 주 종류로 구분하며 각각 제조 방법이 다르다. 최상급은 파운드 당 수백 달러 이상에도 팔린다. 베이징의 고급 찻집에는 거의 모든 유명 재배 지역의 차를 구비하고 있다. 정부 간섭 없이 독립적으로 차 대리점을 운영하고 있어 많은 종류의 지역적 특색이 있는 차를 맛 볼 수 있다.

중국에서 포도와 다른 과일을 혼합한 술의 역사는 오래되었지만 순수 포도로만 만든 와인이 소개된 것은 최근이다. 유럽 와인은 명 왕조(1368~1644)에 들어온 것 같으며, 수세기 동안 소수의 이주민이나 외국인 거주 지역에서만 소비되었다. 1890년에는 중국 최초의 와이너리가 생기게 되었다. 산동성Shandong 연태 Yantai의 장필사Zhang Bishi는 30여 가지 유럽 종 포도로 와인을 만드는 상업적 와이너리를 최초로 설립했다.

공산 체제 이전 와이너리는 독일인이 설립한 청도Quingdao와 일본인의 통화Tong Hua 와이너리 등 10여 개 정도를 꼽을 수 있다. 그러나 1950년대에서 1970년대에는 해안을 따라 하북성 Heibei과 산동성Shandong, 강소성Jiangsu 그리고 내륙의 하북성 Hebei, 하남성Henan, 산서성Shanxi 등으로 퍼지기 시작했으며 서부의 감숙성Gansu과 영하성Ningxia, 신강성Xinjiang에도 와이너리가 설립되었다. 1970년대 덩샤오핑의 개혁이 시작되기 전 이미 전국에 100여 개의 와이너리가 있었다.

오른쪽: 중국의 포도밭

1980년대에는 세 개의 거대한 와이너리가 설립되었다. 레미 코엥트로Remy-Cointreau와 합작한 다이너스티Dynasty와 곡류와 기름, 식품 등을 관장하는 중국 수출입협회가 설립한 만리장성 Great Wall, 그리고 주 정부와 프랑스, 이탈리아의 기업과 손잡은 산동성의 장유Changyu이다. 이들은 다른 군소 와이너리와 함께 와인 수요의 80퍼센트 이상을 충당하고 있다.

1930년대까지 베이징 주민들은 중국 다른 도시와 마찬가지로 주로 맥주와 백주, 황주 등 곡주를 마셨다. 와인 산업은 1990년대에 일어난 두 가지 사건으로 도약의 계기를 맞게 된다. 하나는 '프렌치 패러독스French Paradox'라고 알려진 연구 결과로, 레드와인이 건강에 좋다는 매스컴의 발표가 큰 반향을 일으켰다. 또 하나는 리펑Li Peng 수상이 국가 공식 연회의 만찬주로 와인을 사용하기 시작한 것이다. 곡주보다 알코올이 낮아 건강에도 좋고 또 귀한 곡식을 양조에 쓰지 않는 이점도 있었다.

중국은 2007년 와인 생산국으로 세계 10위 안에 들었으며 소비국으로도 10위 안에 들게 되었다. 현재 와이너리는 수백 개에 달하고 수입량과 소비량도 급격히 늘어 각종 통계들은 나오자마자 갱신되고 있다. 2001년에 중국이 WTO에 가입하며 와인에 대한 세금이 14퍼센트로 내렸지만 아직도 각종 세금을 합산하면 전체 세금은 거의 50퍼센트에 이른다. 베이징은 상하이나 광동성 해안 도시들의 와인 소비를 따라가지는 못하지만, 국내 기반이 단단한 만리장성Great Wall 같은 브랜드는 베이징이 가장 중요한 시장이다.

중국에 수입되는 와인은 주로 벌크 와인이었으나 2005년 이후에는 병입 와인이 더 많아졌다. 비과세의 장벽이 높고 까다로운 수입 절차에도 불구하고 생활이 윤택해지며 고가 와인 유입이 크게 늘어났다. 와인 테이스팅이나 강의, 전시회, 사교 모임 등이

베이징 신흥 부자들의 문화로 자리잡게 되었다. 화려한 남부와는
달리 북부 중국인들은 와인 수집이 늘어나고 부를 축
적해도 외면에는 별로 나타내지 않는다.

와인 소비는 곧 브랜디나 위스키를 따
라잡았고 요즘은 백주baijiu나 위스키
대신 정찬의 일부가 되었다. 연회나
일반 가족 식사는 대부분 음식을
함께 나눠 먹는 한상 차림이다.
웨이터가 작은 접시로 나누어주
거나 식탁 중앙에 큰 접시나 냄비
를 돌려가며 먹거나, 모두 한 테이
블에 둘러앉아 같은 음식을 먹는다.
음식과 함께 마시는 음료도 따로 주문
하여 혼자 마시지 않고 여럿이 같이 마신다.
식사 중 건배는 보편적이며, 와인이나 음료는 서로

진정한 공동체적 교류를 나누는 사회적인 윤활유 역할을 한다.
최근 베이징의 거의 모든 고급 레스토랑에는 와인
을 비치하고 있다. 와인 리스트는 만리장성
이나 장유 등 국내 와이너리와 지역 수
입상의 와인이 대부분을 차지하고 있
다. 수입상들의 와인이 다양하긴 하
지만 시내 레스토랑마다 와인 리
스트가 거의 비슷하여 선택의 한
계를 느끼기도 한다. 따라서 다
른 중국 도시들처럼 BYOB(Bring
Your Own Bottle) 문화가 권장되고
있다. 와인 애호가들이 좋아하는 와
인을 갖고 오면 낮은 코키지를 받거나
무료로 와인을 마실 수 있도록 배려한다.

중국의 차 문화는 당 왕조(618~907)에 널리 퍼지면서 차도 상품으로 유통되기 시작하였다. 차나무의 숫자나 생산량에 대해 세금을 부과하는 '차 정책
tea policy'도 시행되었다. 영국이 인도와 스리랑카에 차밭을 조성할 때까지는 유럽에 수출된 차는 전부 중국 차였다. 8세기 차의 기원과 재배, 음용을
다룬 육우Lu Yu의 '다경The Classic of Tea'이라는 작은 책이 중국에 차 문화를 퍼뜨리는데 큰 역할을 했다. 송 왕조(960~1279)에는 품질이 좋은 차를
40여 종으로 분류하였다. 오랜 차 문화는 사회 구조의 일부가 되었으며, 마을 주민들의 사교 장소로 찻집이 생기게 되었다. 중국의 가벼운 스낵은 남
부의 딤섬처럼 차와 함께 먹는 음식으로 시작했다. 스낵은 차 마시는 즐거움을 더하고 차의 쓴맛을 부드럽게 해준다.

와인과 중국 북부 음식

아시아의 미식가들은 고급 음식점보다는 특별한 요리로 유명한 곳을 찾는다. 작은 교자만두jiaozi집, 냄새나는 취 두부chou toufu를 파는 이름난 노점상 등은 한 가지 음식을 특화하여 손님을 끈다. 고급 레스토랑도 비슷하다. 다동Da Dong과 추엔주더Quanjude는 베이징 덕, 북경 능런주Nengrenju는 뜨거운 냄비요리 hot pot로 유명하다. 이런 환경에서는 와인도 각 레스토랑 특유의 풍미와 분위기, 테이블 세팅과 어울려야 한다.

가족적 분위기의 풍부한 북부 육류 요리에는 풀 바디 레드와인이 무난하다. 그러나 모든 요리가 풍부하고 진하지는 않다. 궁중 음식은 섬세하기도 하며 산동성의 영향을 받은 생선 요리는 가볍고 은은하다. 여러 가지 음식이 같이 나오는 경우에는 식사의 전체적인 무게를 가늠하고 가장 강하고 지배적인 향미를 찾아낸다. 진한지, 풍부한지, 적당한지, 가벼운지를 먼저 묻고 무거운 요리가 많으면 풀 바디 와인을, 가벼우면 비슷한 무게의 와인을 택한다.

중국 북부 음식은 남부 음식보다 일반적으로 풍미가 진하고 짜다. 따라서 짠맛의 강도와 기름기를 고려해야 한다. 짠맛은 와인의 타닌을 강조하기 때문에 타닌이 강한 와인은 피해야 한다. 산도가 높은 와인은 지방이 많은 음식의 느끼한 맛을 없애며, 타닌이 적당한 와인은 기름진 음식과 균형을 이룬다. 과일향이 강한 남부 론 와인, 또는 신세계 시원한 지역의 시라나 메를로도 잘 어울린다. 타닌의 구조가 단단하나 도발적이지 않고, 산미가 충분한 와인이 짜고 기름지며 향미가 풍부한 음식과 어울린다.

마늘과 파, 참기름 등 양념을 듬뿍 넣는 육류 요리에는 그르나슈나 시라 등 적 포도로 만든 바디가 강하고 스파이시한 레드가 어울린다. 화이트로는 서늘한 지역의 산미가 단단하고 오크 향이 스며든 풀 바디 샤르도네 또는 소비뇽 블랑이 잘 어울린다. 향미가 풍부한 미디엄이나 풀 바디의 다양한 알자스 화이트도 좋은 선택이다. 방당주 타르디브Vendange Tardive(late harvest)가 아니더라도, 알자스 와인 중 단맛이 약간 있는 올리비에 움브레트Olivier Humbrecht 같은 와인도 좋다. 그러나 와인의 단맛은 스파이시하거나 매우 짠 요리에는 괜찮지만, 섬세하거나 은은한 음식 맛을 변화시킬 수 있다.

풀 바디의 뉴질랜드 영 피노 누아도 중국 북부의 여러 가지 음식과 잘 어울린다. 생기 있는 붉은 베리 류 향으로 약간 차게 하여 마셔도 좋다. 마틴보로Martinborough나 말보로Marlborough의 가벼운 피노 누아보다는 센트럴 오타고Central Otago의 풍만하고 조밀한 스타일이 한결 어울린다. 현대적인 영 부르고뉴 레드나 북부 이탈리아의 과일향 돌체토Dolcetto나 발폴리첼라Valpolicella도 믿을 수 없을 만큼 다양하다.

뜨거운 음식이 많은 북부 요리는 와인이 입 속에서 바로 데워진다. 와인을 약간 더 차게 식히면 맛이 살아나며 시원하게 씻어주는 느낌을 준다. 레드와인을 얼음 통에 10분쯤 넣어 몇 도 차게

위쪽: 냉 전채 접시   오른쪽: 중국식 연회

식혀서 마셔보자.

중국에서는 연회가 다반사이며 베이징도 예외는 아니다. 연회에서 거래가 이루어지고 관계가 형성된다. 궁중 요리는 전국 각지의 식재료를 사용하며 신선함과 자연의 풍미를 강조한다. 샥스 핀이나 제비집 수프 같은 고전적 고급 요리는 현대적 연회에도 늘 오르는 메뉴이다. 연회에 맞는 와인은 홍콩편(참조: p.38)에 정리하였으며 연회에서도 다양성의 원칙이 지켜진다. 가장 적합한 와인은 다양한 종류의 요리와 맞을 수 있어야 하며, 산미가 충분하고 구조가 단단하여 어떤 재료와 조리법에도 강하게 버틸 수 있어야 한다.

와인 두 종류를 한꺼번에 서빙하면 더 다채로운 요리의 맛을 보완할 수 있는 가능성이 있다. 북부 요리는 대체로 무거운 편이라 레드와인이라도 두 종류를 함께 내면 좋다. 진한 고기 요리에 어울리는 풀 바디 레드와인 한 병과, 생선이나 야채 요리에 어울리는 가벼운 레드와인을 함께 내면 아주 좋은 선택이 된다. 잘 맞는 화이트 와인도 많지만, 음식의 짜고 풍부한 향미에 맞으려면 풍미가 강한 풀 바디 화이트와인을 선택해야 한다.

상하이 음식과 와인 대조표

음식의 향미		와인의 성격		음식의 미감	
• 짠맛	●●●●●	• 당도	드라이	• 무게/풍부함	●●●●○
• 단맛	●○○○○	• 산도	●●●●○	• 기름기	●●●●○
• 쓴맛	●●●○○	• 타닌	●●●○○	• 질감	●●●○○
• 신맛	●○○○○	• 바디	●●●●○	• 온도	●●●●●
• 스파이스	●●○○○	• 향미의 강도	●●●●○		
• 감칠맛	●●○○○	• 피니시	●●●○○		
• 향미의 강도	●●●●○				

낮음 ●●●●● 높음

대표 음식

오리 허브 찜
Duck braised in herbal spicy broth

육류 냄비요리와 소스
Hot pot with various meats,
dipping sauces and soup bases (아래)

고추기름 육수에 익힌 생선
Fish poached in oily,
hot chilli broth

수프와 뜨거운 육수
SOUPS & HOT BROTH

특성
- 재료는 다양하며 향미와 강도, 풍부함, 질감은 각각 다르다.
- 음식의 온도가 높다.
- 육수는 가벼운 해산물부터 육류를 썰어 넣은 스파이시하고 진한 육수까지 다양하다.
- 소스는 식초와 간장, 땅콩 가루, 고추, 해선장hoisin 등 여러 가지이다.
- 감칠맛은 중간에서 약간 높은 정도이다.

와인 팁

고려 사항
- 다양한 향미와 식재료를 쓰기 때문에 다양성이 있는 와인이 좋다.
- 소스와 육수의 스파이시한 향미는 요리에 강도와 풍부함을 더한다. 와인은 적어도 미디엄 이상 풀 바디 와인이 좋다.
- 뜨거운 음식에는 와인을 더 차게 식혀야 한다.

와인 선택
- 과일향이 드러나며 산미가 강한 미디엄이나 풀 바디 와인
- 고수나 파, 또는 강한 허브 향을 버틸 수 있고 음식의 무게와도 어울리는 아로마가 강한 풀 바디 화이트
- 로제 또는 스파클링 와인은 다양성이 있으며 차게 식혀 서빙하면 아주 좋다.

추천 와인
- **보완**: 남부 론 레드; 꼬뜨 뒤 론 빌라주 급 또는 샤또네프 뒤 파프; 신세계, 아주 서늘한 지역 시라 또는 메를로; 센트럴 오타고 피노 누아; 캘리포니아 퓌메 블랑; 알자스 풀 바디 화이트; 영 꽁드리외Condrieu; 샴페인
- **동반**: 프랑스 뱅 드 페이Vin de Pays 시라, 메를로; 신세계 과일향 피노 누아; 꼬뜨 드 프로방스 로제; 프로세코Prosecco, 젝트Sekt, 크레망Cremant 등 스파클링 와인

피할 와인
- 뜨거운 음식과 짜고 스파이시한 소스는 와인의 타닌과 오크 향을 부추긴다.
- 오래 숙성된 와인 또는 구조가 약하거나 섬세한 와인은 음식이 뜨겁고 향미가 강하면 쉽게 꺾인다.
- 산미와 과일향이 충분하지 않고 힘이 약한 와인은 피해야 한다.

진한 감칠맛 소스 요리
DISHES WITH THICK UMAMI-LADEN SAUCE

특성
- 음식은 풍부하고 육감적이며 묵직한 미감을 지니고 있다.
- 간장 소스를 기본으로 하며 검고 진한 풍미에서 옅은 갈색의 은은하고 섬세한 맛까지 다양하다.
- 재료는 부드러운 질감이며 소스는 강한 감칠맛이 나는 풍미이다.

와인 팁

고려 사항
- 고품질의 세련된 와인은 고급 식재료와도 잘 어울린다.
- 복합적인 향미로 짜인 와인이 음식의 매끄러운 질감과 감칠맛에 조화를 이룬다.
- 충분히 오래되고 숙성된 와인이 감칠맛이 강한 음식과 어울린다.

와인 선택
- 숙성된 고품질 미디엄 바디 레드와인
- 숙성된 부르고뉴 화이트

추천 와인
- **보완:** 15년 이상 된 보르도 레드; 15년 이상 된 바롤로; 15년 이상된 카베르네, 시라 위주 신세계 와인; 10년 이상 된 부르고뉴 레드; 최소 8년 이상 된 부르고뉴 그랑 크뤼; 최소 10년 이상 된 독일 리슬링 슈패트레제Spatlese, 아우스레제Auslese
- **동반:** 부르고뉴, 독일 또는 신세계 서늘한 지역 피노 누아; 리오하 그랑 레세르바Gran Reserva; 타벨Tavel 로제

피할 와인
- 타닌이나 과일향이 도발적인 와인은 섬세한 음식에 방해가 된다.
- 단순한 와인이나 영 와인은 고품질의 식재료에 맞는 미묘함과 중후한 질감이 부족하다.

대표 음식
진간장 소스 해삼
Sea cucumber with rich,
dark soy sauce (위)
진간장 소스 버섯
Mushrooms in dark soy sauce
연 간장 소스 생선
Fish fillets
in light soy sauce

로스트, 바비큐 미트
ROASTED AND BARBECUE MEATS

특성
- 간장 소스 기본의 짠맛과 스파이스가 혼합되어 향미가 진하다.
- 파삭하게 탄 껍질과 즙이 많고 부드러운 살코기가 대조된다.
- 스파이스의 양에 따라 감칠맛의 정도가 다르다.
- 기름기는 적당하거나 많이 느껴진다.
- 바비큐 용 스파이스 또는 오리고기 용 해선장 같은 소스를 사용한다.

와인 팁

고려 사항
- 육류에 스파이스와 허브를 듬뿍 넣은 강한 음식이며 향미의 강도가 중요하다.
- 약간 단맛이 있고 짠맛이 강하므로 와인에 타닌이 많으면 짠맛이 더 강조된다.
- 음식의 주성분인 단백질과 레드와인의 타닌이 잘 어울린다.

와인 선택
- 과일향이 농축되고 타닌이 단단한 풀 바디 레드
- 과일향 피노 누아 또는 그르나슈 주 미디엄 바디 레드

추천 와인
- **보완:** 숙성된 꼬뜨 로티Côte-Rôtie 또는 에르미타주; 보르도 우안; 숙성된 신세계, 서늘한 지역 쉬라즈 또는 카베르네 블렌드; 현대적 토스카나 IGT; 샤또네프 뒤 파프; 호주 SGM(Syrah-Grenache-Mourvedre) 블렌드
- **동반:** 꼬뜨 뒤 론Côte du Rhône; 알리아니코, 프리미티보 등 남부 이탈리아 레드; 남 프랑스 쉬라즈, 그르나슈, 무르베드르 블렌드

피할 와인
- 라이트 바디 와인 또는 중성적 와인은 음식의 무게에 쉽게 눌린다.
- 과일향이 절제된 우아한 와인

대표 음식
양고기 구이
Roasted mutton and lamb (위)
육류 꼬치구이
Barbecue meat skewers
with mutton, lamb or beef
베이징 덕
Peking duck (아래)

춘장 소스 요리
DISHES WITH SOYBEAN PASTE SAUCE

특성
- 짠맛이 강한 편이다.
- 면과 야채, 육류, 두부 등 기본 재료가 다양하다.
- 기름기는 거의 없거나 적당하다.
- 감칠맛은 중간 정도이며 약간 높은 편이다.
- 고추나 땅콩 가루, 파 채 등을 넣기도 한다.

와인 팁

고려 사항
- 짠맛의 강도와 감칠맛에 따라 타닌이 강한 레드와는 부딪칠 수 있다.
- 짜고 향미가 강한 음식과는 과일향이 충분한 와인이 어울린다.
- 기본 재료보다 소스의 짠맛과 스파이스, 향미의 강도가 더 중요하다.

와인 선택
- 타닌이 적당한 과일향 미디엄 바디 레드 와인
- 단단한 산미의 미디엄 또는 풀 바디 화이트 와인
- 로제나 전통적 방식 스파클링 와인은 다양성이 있어 좋은 선택이다.

추천 와인
- **보완**: 신세계 영 피노 누아 또는 메를로; 남 프랑스 과일향 레드; 과일향 키안티 클라시코Chianti Classico; 보르도 화이트; 신세계 서늘한 지역 샤르도네 또는 소비뇽 블랑 세미용 블렌드; 캘리포니아 퓌메 블랑; NV, 풀 바디 샴페인
- **동반**: 단순한 꼬뜨 뒤 론; 영 이탈리아 과일향 레드, 몬테풀치아노 Montepulciano, 발폴리첼라Valpolicella; 남 프랑스 로제

피할 와인
- 춘장 소스의 짠맛이 와인의 타닌을 더 두드러지게 하므로 타닌이 강한 와인은 피한다.
- 가볍고 섬세한 와인은 짠 춘장 소스에 맥을 잃는다.

대표 음식
춘장 두부
Tofu with soybean paste sauce
야채 춘장 볶음
Stir-fried diced mixed vegetables
with soybean paste sauce
춘장 면
Noodles with soybean
paste sauce (아래)

4

베이징

밀가루 스낵
THICK DOUGHY SNACK

특성
- 빵이나 만두 껍질의 부드러운 질감과 은은한 향미가 있다.
- 소는 육류나 야채 등이 섞여 풍미가 있다.
- 대부분 찌거나 삶으며, 가끔 튀기기도 하지만 기름기는 거의 없다.
- 일반적으로 간장이나 식초 소스와 같이 나온다.

와인 팁

고려 사항
- 밀가루가 주 재료이며 소는 무겁지 않으므로 라이트나 미디엄 바디 와인이 어울린다.
- 소 재료가 다양하고 조리 방법도 달라 다양성이 있는 와인이 좋다.

와인 선택
- 다양성이 있으며 과일향이 절제된 라이트 바디 와인
- 단단한 산미의 라이트 또는 미디엄 바디 레드와인
- 과일향이 강하지 않은 라이트나 미디엄 바디 화이트와인
- 로제와 전통적 방식 스파클링 와인
- 독일 또는 알자스 오프 드라이 화이트: 약간의 단맛이 스낵에 풍미를 더한다.

추천 와인
- **보완:** 부르고뉴 빌라주 급 화이트, 마콩Mâcon; 푸이 퓌메; 보르도 화이트; 오스트리아 화이트; 독일 트로켄Trocken, 팔츠Pfalz 등 따뜻한 지역, 드라이 리슬링; 리아스 바이사스Rias Baixas; 화이트 에르미타주; 영 부르고뉴 빌라주 급 레드; 호주 마틴보로Martinborough 또는 태즈메이니아Tasmania 피노 누아; NV 샴페인
- **동반:** 알자스 라이트 바디 드라이 화이트; 동북 이탈리아 피노 그리조; 보졸레 크뤼Beaujolais cru; 파삭한 드라이 로제

피할 와인
- 과일향이 강한 와인은 스낵의 순한 향에 거슬린다.
- 오크 향이 강한 풀 바디 와인은 음식의 은은한 향미를 누를 수 있다.

대표 음식
고기 찐빵(바오쯔)
Meat-filled buns
파 팬케이크
Thin pancake with scallions (위)
돼지고기 만두(지아오쯔)
Thick-skinned dumplings
with pork filling (아래)

내장 요리
OFFAL DISHES

특성
- 강한 동물 향이 나며 짜고 스파이시한 육수나 소스를 사용한다.
- 동물 향을 줄이기 위해 마늘과 스파이스를 넣어 맛이 진하고 무겁다.
- 지방은 적당하거나 높다.
- 감칠맛도 적당하거나 높다.
- 국물 요리는 온도가 높으며, 볶음 요리도 한다.
- 양념은 고추기름이나 식초, 고수 등을 사용한다.

와인 팁

고려 사항
- 동물 향과 진한 육수의 풍미를 버틸 수 있는 향미가 강한 와인
- 든든하고 풍부한 미감의 풀 바디 와인이 음식의 풍부함과 조화를 이룬다.
- 동물 향의 풍미 있고 스파이시한 와인이 음식과도 맞다.

와인 선택
- 음식의 진한 향미를 제어하려면 산도가 강하고 스파이시하며 동물 향이 감도는 레드라야 한다.
- 내장의 강한 풍미에는 든든한 시골 풍 레드와인이 잘 어울린다.

추천 와인
- **보완:** 숙성된 론Rhône 풀 바디 레드; 현대적 토스카나 IGT; 아마로네; 알리아니코, 프리미티보 등 남부 이탈리아 레드; 꼬뜨 드 부르그 Côtes de Bourg; 스페인 토로Toro, 프리오라Priorat 지역; 숙성된 신세계, 서늘한 지역 쉬라즈; 소노마 진펀델Zinfandel
- **동반:** 카오르Cahors, 마디랑Madiran 등 남서 프랑스 레드; 현대적 키안티Chianti; 남 프랑스 시라즈, 그르나슈, 무르베드르 블렌드; 남아공 피노 타지; 아르헨티나 말벡

피할 와인
- 음식의 무게와 풍부함에 압도당하는 라이트 바디 와인 또는 중성적 와인
- 과일향이 절제된 은은한 와인

대표 음식
소, 돼지 내장 요리
Ox or pork tripe
돼지 콩팥 요리 (아래)
Pork kidneys (아래)
오리 내장 요리
Duck gizzards

중국 북부 음식과 어울리는 지니의 5대 추천 와인
Jeannie's Top 5 For Northern Chinese Cusine

1 숙성된 북부 론
- 1988/89 Côte-Rôtie la Turque, Domaine E. Guigal, Rhône, 프랑스
- 1991 Hermitage, Domaine Jean-Louis Chaves, Rhône, 프랑스
- 1991 Côte-Rôtie la Mordorée, M. Chapoutier, Rhône, 프랑스

2 신세계 카베르네 소비뇽
- Monte Bello, Ridge, Santa Cruz Mountains, California, 미국
- Seña, Vina Errazuriz, Aconcagua Valley, 칠레
- Cabernet Sauvignon, Moss Wood, Margaret River, 서 호주

3 신세계 시라
- Grange, Penfolds, Barossa Valley, 남 호주
- Hill of Grace, Henschke, Eden Valley, 남 호주
- Syrah Lorraine Vineyard, Alban Vineyards, Edna Valley, California, 미국

4 고급 토스카나 레드
- Sassicaia, Tenuta San Guido, Tuscany, 이탈리아
- Redigaffi, Tua Rita, Tuscany, 이탈리아
- Cepparello, Isole e Olena, Tuscany, 이탈리아

5 보르도 화이트
- Domaine de Chevalier, Pessac-Lèognan, Bordeaux, 프랑스
- Château Haut-Brion Blanc, Pessac-Lèognan, Bordeaux, 프랑스
- Château d'Yquem 'Y', Sauternes, Bordeaux, 프랑스

왼쪽: 샥스핀 수프

"나의 모든 생각들이 현재의 나를 만든다."

석가모니

타이베이

Chapter 5

CHAPTER 5 타이베이

소개

인구 390만*
음식 타이완식; 객가식, 복건식, 광동식, 상하이식, 사천식
대표 음식 우육면, 굴 전, 돼지고기 만두(샨베이지), 삼배계, 돼지 선지 탕, 쌀 죽(콘지)
와인 문화 성장 가능성이 있는 와인 시장으로 현재도 꾸준히 크고 있다.
수입세 병당 US $9 + 16퍼센트 부가세

문화적 배경

타이베이는 동아시아의 대도시 중 가장 친숙함을 느낄 수 있는 도시이다. 아시아에서 손꼽히는 경제적 성공을 거두었으나 변화의 속도는 차분하다. 홍콩처럼 당당한 스카이라인도 없고 생동하는 분위기는 아니지만 도심의 넓은 공원과 인상적인 박물관, 영적인 사원들은 안정감을 준다. 상하이와 같은 국제적 도시의 매력과 활력보다는 국가의 정체성을 갖춘 사회의 깊이와 편안함을 느낄 수 있다.

분명히 중국인들이 만든 도시이지만 수세기 동안 자율적으로 발전하고, 또 식민 통치로 주변의 영향도 조화롭게 받아들여 국제적 도시의 면모를 지닌 수도가 조성되었다.

타이베이의 현대사는 1400년경 수천 년 동안 원주민들이 살고 있던 섬에 중국인들이 정착하면서 새로운 역사가 시작되었다고 할 수 있다. 15~6세기에 대규모의 이민이 건너 왔으며 이때 복건성 사람들이 가장 많았다. 지금도 그 후손들이 인구의 2/3를 차지하고 있다.

16세기에는 유럽 각국이 타이완과 주변 작은 섬들에 관심을 갖고 중국 정부를 회유하기 시작했다. 1860년 톈진Tientsin 조약으로 타이완의 서쪽 항구 두 곳이 유럽과 미국에 개방되었다. 1895년에는 청일전쟁에서 중국이 패배하면서 타이완과 팽호Penghu 열도, 오키나와Okinawa를 일본에 양도했다.

일본은 50여 년 동안 타이완을 통치하며 일본화시키려 했지만

앞 페이지: 장제쓰 기념물 전경
위쪽: 타이베이 궁 박물관　　오른쪽: 야시장
* 인구는 신 타이베이 시 정부 가족 등록에 의거함

한국에서와 마찬가지로 성공하지 못했다. 그러나 신도Shinto와 불교 의식 등 일본 문화의 자취는 음식 문화를 포함하여 곳곳에서 찾아볼 수 있다.

1945년 2차 대전 직후에 장제쓰의 국민당과 마오쩌둥의 공산당 사이에 내전이 시작되었다. 1949년에는 국민당 지휘부와 수백만의 중국인들이 대거 타이완으로 피난했다. 당시 타이완은 본토 회복을 위한 임시 주둔지였지만, 결국 성공하지 못한 채 그대로 남게 되었다. 본토에서 내려온 통치 세력과 타이완 원주민 사이의 문화적 차이는 심했다. 거의 2세대에 걸쳐 일본 제국의 식민 통치를 받았던 현지인들은 북경어Mandarin를 하지 못했다. 현지인들과 농민 출신 군인들과의 교육적 차이도 현저했으며, 지배 세력에 대한 거부감도 심했다.

정치적 긴장감이 지속되었지만 타이완의 경제는 급성장했다. 타이베이는 섬유와 소비성 제조업의 중심이 되었고 국민들은 장제쓰의 권위적 통치에 적응하며 생활 수준을 향상시키는데 집중했다. 산업과 농업의 개발이 강하게 추진되었으며 외국 자본의 직접 투자도 가능하게 되었다. 1980년대에는 노동 집약적인 제

조업에서 고도의 기술을 요하는 제품 생산으로 전환했다. 정치적으로는 1975년 장제쓰의 사후 아들 장징궈Chiang Ching-kuo가 국민당을 물려받고 정치 개혁도 단행했다. 계엄령이 해제되고 야당인 민진당DPP(Democratic Progressive Party)의 활동도 허가되었다.

1990년에는 대통령과 입법의원도 직접 투표로 선출했다. 2000년 민진당의 천수이벤Chen Shui-bian이 대통령에 당선되며 50여년에 걸친 국민당 통치에 종지부를 찍었다. 독립 타이완의 발판인 민진당 정부는 이에 반대하는 중국 본토 정부와 심각한 신경전을 벌였다. 그러나 2008년 정권이 다시 국민당으로 넘어가면서 긴장은 다소 수그러들었다.

타이완은 아직도 국제 사회로부터 독립 국가로 인정받지 못하고 있다. 1971년 이래로 UN에 가입하지도 못했고 공식 외교 관계도 매우 한정된 상태이다. 1979년에는 미국마저 그동안 보호하였던 타이완을 버리고 공산 중국을 공식 인정하였다. 그러나 이와 같은 정치적 긴장과 불안정이 남아있는 가운데에서도 경제적 발전은 계속되고 있다.

음식과 식문화

타이완의 식문화는 오랜 세월 동안 각기 다른 지역의 영향을 받아 혼합되고 진화하여, 현지인들도 타이완 음식이 어떤 것인지 명확히 규정하지 못한다. 남부 중국 요리와 관계가 있고 동남 아시아 음식의 풍미도 있으며 또 일본 음식과도 비슷하다. 우육면 beef noodle soup이나 굴 전, 무 떡 등을 타이완 음식이라고 하지만, 거의 모든 음식이 토속 음식이기보다는 외부 지역에서 온 것이다. 다른 점이 있다면 지난 세기 동안 밀려온 이주민들이 이 지역의 풍부한 재료를 사용하여 그들의 방식대로 제각각 고향의 풍미를 만들었다는 것이다.

1600년 경부터 복건성 일대에서 이주민들이 건너오기 시작했으며 이들은 과일과 야채, 해산물이 가득한 큰 섬에 정착했다. 400여 년이 지난 지금도 산야는 먹음직한 야채가 풍부하고 해산물도 다양하고 싸다. 생선과 굴, 새우, 조개, 오징어 등 온갖 해산물들이 주요 식품이 되었다. 국수와 밥은 원래 본토에서 유래되었으며, 일상 식사의 중심으로 대부분 큰 그릇에 담아 나누어 먹는다.

복건성 음식들은 감칠맛 나는 수프와 뭉근하게 익히는 조리법, 가볍고 미묘한 풍미가 특징이다. 짜고 매운 사차shacha 소스와 청주 찌꺼기wine lees의 강한 감칠맛도 좋아한다. 복건식 스튜와 약한 불에 뭉근하게 익히는 조리법은 타이완에서는 매우 대중적이다. 해산물은 주 식재료이며 레드와인과 설탕, 간장 소스 국물에 재료를 넣고 뭉근하게 익힌다. 불도장Buddha jumps over the wall은 복건식의 가장 유명한 요리로 인삼과 메추라기 알, 상어 지느러미, 전복, 닭고기, 햄 등 30여 가지 재료를 혼합하여 천천히 익히는 복합적인 스튜이다. 채식주의자인 부처님도 그 황홀한 맛에 취하여 담을 뛰어 넘을 정도라는 뜻이다. 굴 전과 생선완자stuffed fish balls, 돼지 갈비탕인 바쿠테bak kuh teh 등도 복건식이다.

남부 중국을 거쳐 타이완에 이주한 객가Hakka인들은 유목민의 후예이며 고유의 언어를 쓴다. 내장 요리나 돼지고기 스튜 등 배부르고 든든한 음식은 타이완의 전통적인 메뉴로 자리를 잡았다. 요즘은 가정식 객가 음식점에서도 맛볼 수 있다. 육류 위주의 음식은 짜고 진하다.

소금구이 치킨salt baked chicken은 인기 있는 메뉴이며, 돼지고기와 새우 무 떡pork and shrimp turnip cakes, 야채 피클, 말린 해산물 등 스낵도 즐겨 먹는다. 육류를 간장 기본 소스에 조리는 것도 객가 식이다.

중국 남부에서 온 이주민들이 대부분이었으므로, 타이완 식문화에는 홍콩 스타일의 광동식 요리가 가장 큰 영향을 주었다. 즉석에서 신선한 해산물로 요리하는 해산물 레스토랑에는 생선과 새우, 게 등이 큰 수족관을 가득 채우고 있다. 재료를 조심스레 다루고 질감을 중요하게 생각하는 광동식 조리법은 타이완에서도 중시한다. 타이완에는 광동식 레스토랑이 수없이 많으며 공식 만찬 역시 홍콩 스타일의 광동식 요리가 주축이 된다.

위쪽: 무 떡   오른쪽: 스낵 상점

정치적 망명이나 군대의 이동 등으로 중국의 다른 지역들도 타이완 음식에 영향을 끼쳤다. 1600년대에는 명Ming의 부흥을 노리던 왕당파인 정청궁Cheng Cheng-kung이 본토 중국인 3만 명과 함께 타이완으로 내려왔다. 정청궁은 섬을 근거지로 하여 청의 지배 세력을 무너뜨리려 했으나 성공하지 못했다.

350년 후인 1949년에는 장제쓰과 함께 수백만의 본토 중국인과 군인, 농부, 요리사, 장성 등이 타이완으로 대거 망명했다. 따라서 사천Sichuan, 호남Hunanese, 상하이, 중국 북부 음식 등 여러 식문화가 골고루 퍼지게 되었다. 또 많은 중국 본토 음식들이 타이완 식으로 변형되기도 하였다. 예를 들면 타이완의 사천식 누들 수프는 신선한 허브를 넣고 육수가 가볍고 기름기도 적어, 전통적 사천식 누들 수프와는 완전히 다른 음식이 되었다.

중국의 영향뿐 아니라 20세기에는 50년에 걸친 일본의 식민 통치도 식문화에 지울 수 없는 흔적을 남겼다. 타이완에서는 상하이나 중국 북부 음식도 기름을 적게 사용하며 지방 양을 현저히 줄여 가볍게 만드는 것을 볼 수 있다. 부엌에서는 신선한 재료를 살짝 손질하여 조리하며 식품 위생의 기준도 높다. 간단한 점심 식사도 일본 도시락bento처럼 깔끔하게 음식 쟁반에 차리고 포장도 정성스럽게 한다.

원래 타이완 사람들은 본토 중국인에 비해 채식을 많이 했지만 일본 통치 시대에는 채식 문화가 더 권장되었다. 엄격한 채식주의자는 아니더라도 많은 음식이 야채 위주이고 타이베이 시내에서는 채식 레스토랑과 뷔페도 쉽게 찾을 수 있다.

1970년대는 호텔이나 몇몇 중국식, 일본식, 서양식 레스토랑 외에는 음식점이 그리 많지 않았다. 그러나 지난 수십 년간 경제 발전과 중산층의 증가로 저렴한 지역 음식점에서부터 최고급의 국제적 레스토랑까지 숫자가 빠르게 늘어났다. 특히 이주민들이 많이 사는 티안무Tianmu에 중간급의 양식 레스토랑이 밀집해있다.

가장 토속적인 음식은 티안무 길거리나 야시장 가판대에서 찾을 수 있다. 스낵Xiao chi─굴 전, 진한 쇠고기 누들 수프, 굴 누들 수프, 고기만두, 쌀죽congee 등─이 타이완의 전형적인 일상 음식이다. 스린Shilin 야시장 같은 시장통이나 번화한 거리의 노점에서 쉽게 맛볼 수 있다.

요리

타이완 음식을 한마디로 규정할 수는 없지만 전통적 음식과 향미의 특징은 몇 가지 꼽을 수 있다. 타이베이는 변화하는 식문화의 중심이며, 현지 음식은 중국 각 지역과 일본 또는 다른 지배 세력들의 영향을 받아왔다. 타이완도 다른 북 아시아 지역과 마찬가지로 간장이나 청주, 참기름 등의 양념을 사용하지만 몇 가지 재료를 더해 고유한 향미를 낸다. 특히 검정 콩이나 미소miso, 무 피클radish, 땅콩, 고추 등과 파슬리, 고수, 바질 같은 허브를 자주 사용한다.

중국 본토보다는 음식이 훨씬 가벼우며 신선함에 초점을 맞춘다. 수프나 볶음에도 바질이나 고수를 곁들여 장식하고 독특한 향을 낸다. 전통적으로 중국 요리에 쓰는 강한 향의 노란색 소흥주Shaoxing 대신 일본의 미린mirin과 같이 가볍고 맑은 청주를 사용한다.

해산물은 일본처럼 가볍게 조리하거나 날로 먹는다. 타이완은 사면이 바다인 섬이라 오징어나 해파리, 조개, 굴 등 해산물을 쉽게 구할 수 있다. 광동식으로 가볍게 손질하고 손이 많이 가는 조리법을 피하며 허브를 곁들인다.

역사적으로 곤경에 처했던 힘든 시절에는 식량난을 해결하기 위해 새로운 음식을 고안하기도 했다. 모자라는 쌀로 더 많은 사람들이 먹도록 쌀로 죽을 끓여 콘지를 만들었고, 쌀 대용으로 고구마와 돼지 뼈 등 구할 수 있는 식재료를 넣어 삶았다. 전통적 닭요리인 삼배계three cup chicken(산베이지)도 부족한 양식과 노동자들 때문에 생긴 음식이다. 새벽에 일하러 나가기 전 간장과 청주, 참기름 한 컵씩을 닭고기와 함께 냄비에 붓고 약한 불로 익히면 해질녘 집에 돌아올 때쯤 얼큰하고 진한 스튜가 된다. 바질을 섞고 밥과 함께 먹는다.

스낵(샤오츠)은 타이완 식사에 빠질 수 없는 음식이다. 취 두부나 만두, 굴 전, 땅콩과 멸치 튀김, 돼지 선지 푸딩, 오이 피클 등 종류가 다양하다. 간식으로나 식사로 매일 먹는 간단한 음식이다. 타이완 사람들이 외국에 가면 가장 아쉬워 하는 음식들이다. 타이완 섬을 벗어나면, 홍콩이나 중국 남부 도시에서는 훌륭한 타이완 레스토랑을 거의 찾아보기 어렵다.

풍미 있는 진한 육수의 쇠고기 누들 수프, 우육면(니우로미엔)은 중국 본토에서 전래되어 타이완 고유 음식이 된 대표적 예이다. 양쯔강 남북 전역에서 즐기는 음식이지만 타이완에서는 소가 귀중한 노동력이었으며 또 불교의 영향으로 쇠고기를 잘 먹지 않았다. 1949년 수백만 본토인들이 밀려 왔을 때 우육면을 파는 길거리 노점들이 이주민들뿐 아니라 현지인들에게도 인기를 끌게 되었다. 역사적으로 면 종류는 손으로 뺀 국수, 칼로 썬 국수 등 두께와 밀도도 갖가지다. 수프도 단순히 소뼈만 넣기도 하고 내장이나 힘줄, 위 같은 부위도 넣는다. 고추와 후추, 아니스, 생강, 마늘 등 스파이스가 가미되며 허브도 첨가한다. 타이완식은 대부분 힘줄과 고기가 반반이며 국수와 쇠고기의 조직감을 중요시한다.

오른쪽: 타이완식 우육면

음료와 와인 문화

차는 복건성 지역에서 온 이주민들이 수백 년 전에 들여와 일상 음료가 되었다. 차 농사도 중요한 산업으로 발전했으며 150여 년 전부터는 수출이 시작되었다. 우롱차oolong는 세계적으로 차 애호가들의 사랑을 받고 있다. 차는 음식과 함께 마시기도 하고 따로 마시기도 한다. 1970년대에는 차 문화가 급속히 확산되어 시내 곳곳에 찻집이 생기고 차를 연구하고 교육하는 기관도 활성화되었다. 자연 용수를 사용하는 타이완 최고 품질의 차는 깨끗한 맛으로 유명하다. 차 주전자 준비부터 마시는 법과 차에 어울리는 다과 등 차를 음미하고 즐기는 다도도 정착되었다.

차 외에 신선한 주스와 청량 음료, 캔 음료도 많이 마시며 최근에는 커피 수요가 늘어 타이완 남부에 커피 농장도 생겼다. 알코올 음료로는 황주 huangjiu와 백주baijiu, 사케sake와 비슷한 청주rice wine가 있다. 타이완식 백주로는 사탕수수를 발효시켜 증류주로 만든 고량주Kaoliang가 있다. 사탕수수는 중국 본토에 가까운 마조도Matsu와 금문도Kinmen에서 생산된다.

맥주는 20세기 후반에야 소개되었지만, 값이 싸고 시원하여 중국인들이 매우 선호하는 음료이다. 정부가 관할하는 타이완 담배주류공사의 타이완 맥주Taiwan Beer가 맥주 시장을 석권하고 있다. TLC는 2002년 타이완이 WTO에 가입할 때까지 술과 담배 생산을 관장했다.

경제 성장과 함께 현지 음료보다 수입 브랜디와 위스키가 많이 팔리게 되었으며 최근에는 와인 역시 인기를 얻고 있다. 주세 인하와 수입사들의 경쟁으로 1990년대 중반부터 와인 붐이 일어났으며 10여 년 후 다시 소비가 상승하기 시작하였다. 와인은 사치품으로 인식되어 경제적 감성과 맞물린다. 1997년과 2008년 시장 몰락으로 인기가 잠시 주춤해졌으나, 경제 전망이 밝아지면서 곧 회복되어 새로운 도약의 계기를 맞게 되었다. 숫자는 적지만 점점 늘어나는 와인 애호가들의 갈증에 부응하기 위해, 와인에 관한 출판물이 증가하고 잡지나 책에도 상당한 양의 와인 정보가 실리고 있다.

또한 슈퍼마켓이나 편의점, 소매상 등 유통 매체의 증가로 와인도 다른 음료처럼 소비가 늘어나게 되었다. 음식점과 주점도 확산되었으며 중간급 레스토랑에서도 와인을 구비하여 와인이 점점 보편화되었다. 식당들이 BYOB (Bring Your Own Bottle)를 권장하므로 손님들이 고급 와인을 갖고 와 마실 수도 있다.

쉐라톤Sheraton이나 셔우드Sherwood, 리츠the Ritz 등 호텔 레스토랑의 와인 리스트는 최상급이라고 할 수 있지만 도쿄나 홍콩에 비하면 아직 미흡하다. 반면에 호사스런 부티크 호텔 '빌라 32'의 독창적인 와인 리스트는 고급 와인에 대한 타이완인들의 관심을 반영한다. 다른 아시아 국가들과 마찬가지로 레드와인이 건강에 좋다는 매스컴의 영향과, 유행하는 라이프스타일의 상징으로서 와인은 가장 빨리 확산되는 알코올 음료로 자리를 잡고 있다.

위쪽: 타이완의 우롱차 밭

와인과 타이완 음식

타이완 음식은 중국 남부 지역과 그 외 중국 여러 지역, 또 일본의 영향을 종합한 음식이다. 타이완 음식과 광동식 음식은 해산물 위주이며 신선도와 재료를 중시하는 가벼운 음식이라는 점이 비슷하다. 그러나 미식가들은 타이완 음식이 보다 풍부하고 다양하며 풍미가 강하다고 말한다.

타이완의 전형적 음식은 볶음이나 찜, 졸임, 또는 약한 불로 뭉근하게 익힌다. 가장 뚜렷한 특징은 가볍고 향미 있는 식재료의 조합이다. 파슬리나 바질, 고수 등 신선한 허브를 푸짐하게 사용하며 식탁에는 야채 피클이 놓인다. 이런 가벼운 식사에는 라이트 또는 미디엄 바디 와인이 어울린다.

과일향이 충분해야 허브와 양념과도 어울린다. 호주나 뉴질랜드 서늘한 지역의 가벼운 오크 향 샤르도네, 활기 있는 소비뇽 블랑 세미용 블렌드, 농익은 과일향과 복합적 풍미의 신세계 피노누아 등이 좋은 선택이다. 감칠맛이 높은 식재료에는 숙성된 15년 이상 된 보르도 레드 또는 10년 이상 된 론Rhône 와인이 음식

의 풍미를 멋지게 보완할 수 있다.

신선함을 강조하고 해산물 위주이므로 화이트와인이 잘 어울린다. 피노 그리나 알자스 리슬링은 과일향이 깊이가 있고 상큼한 산미가 있어 우아하다. 절정기에 있는 프르미에 크뤼 이상의 고급 부르고뉴 레드나 화이트는 훌륭하고 세련된 조화를 이룬다. 푸짐한 스튜나 진한 육수에는 타닌이 부드럽게 무르익은 숙성된 보르도 레드가 좋다. 보르도 그라브 지역의 숙성된 레드도 흙내와 감미로운 풍미로 음식의 감칠맛과 잘 어울린다.

향미가 매우 강하고 짠 음식도 있다. 취두부chou tofu 같은 강한 음식에는 스파클링 와인이 무난하다. 오이 피클이나 객가Hakka식 음식은 상당히 짜기 때문에 타닌이 많은 영 레드와인의 경우 음식의 짠맛이 타닌을 더 강조하게 된다. 미디엄 바디 화이트나 타닌이 약하고 가벼운 과일향 레드와인 또는 보졸레 크뤼Beaujoulais Cru, 그르나슈 기본 레드가 좋다.

타이완 음식과 와인 대조표

음식의 향미		와인의 성격		음식의 미감	
• 짠맛	●●●●○	• 당도	드라이	• 무게/풍부함	●●●●○
• 단맛	●●●○○	• 산도	●●●●○	• 기름기	●●●○○
• 쓴맛	●●●○○	• 타닌	●●○○○	• 질감	●●●●○
• 신맛	●●●○○	• 바디	●●●○○	• 온도	●●●●◑
• 스파이스	●●○○○	• 향미의 강도	●●●●○		
• 감칠맛	●●●●●○	• 피니시	●●●○○		
• 향미의 강도	●●●●○			낮음 ●●●●● 높음	

93

대표 음식

취두부(초우 토푸)
Stinky tofu (위)
돼지고기 찐만두(슈이자오)
Boiled pork dumplings
닭발 구이(지지아오)
Grilled chicken feet, ji jiao
굴 전(오아지안)
Oyster omelette (아래)

스낵(샤오츠)
SNACK FOODS, XIAO CHI

특성
- 향미는 다양하지만 스파이스가 강하거나 진하지 않다.
- 무게와 향미는 중간 정도이며 무겁거나 기름지지 않다.
- 조리 방법은 찌거나, 삶거나, 튀기거나 뭉근한 불에 익히는 등 여러 가지이다.
- 일반적인 소스는 식초와 간장, 고추 소스 등이다.
- 감칠맛은 중간에서 약간 높은 정도이다.
- 대부분 음식은 온도가 높다. 날로 먹는 식재료는 별로 없다.

와인 팁

고려 사항
- 다양한 향미와 질감의 음식에는 와인의 다양성이 중요하다.
- 양념이 짜면 강한 타닉 와인과는 부딪친다.
- 일상 음식에는 일상 와인이 어울린다.

와인 선택
- 과일향이 적당하며 산미가 강한 라이트나 미디엄 바디 와인
- 타닌이 부드러운 라이트나 미디엄 바디 레드와인
- 잘 익은 과일향의 미디엄 바디 화이트, 또는 가벼운 오크 향 와인도 무난하다.
- 로제나 전통적 방식 스파클링 와인

추천 와인
- **보완**: 잘 익은 피노 누아; 가벼운 오크 향이나 서늘한 지역 샤르도네; 과일향 피노 그리 또는 리슬링; 영 보르도 화이트; 현대적 스페인 화이트; 샴페인
- **동반**: 라이트 바디 그르나슈 블렌드; 잘 익은 과일향 소비뇽 블랑; 단순한 피노 블랑; 드라이 로제

피할 와인
- 타닌이 높은 레드와인은 타닌이 음식의 짠맛과 부딪치므로 피해야 한다.
- 알코올이 높고 오크 향이 짙으면 음식의 향을 압도한다.

해산물 요리
SEAFOOD FAVOURITES

특성
- 해산물은 질감이 섬세하며 바디는 가볍다.
- 양념은 간장 기본 소스에 마늘이나 생강, 파가 들어간다.
- 감칠맛은 은은하지만 풍부하며 재료의 질감과 미감을 강조한다.
- 절제된 향미로 강한 스파이스는 아주 적게 쓴다.
- 밥은 꼭 함께 나온다.
- 음식의 온도는 높은 편이다.

와인 팁

고려 사항
- 고 품질의 신선한 해산물과는 고품질의 와인이 어울린다.
- 찜이나 살짝 볶거나, 졸이는 요리에는 섬세하고 촘촘한 질감의 와인이 어울린다.

와인 선택
- 라이트 바디나 미디엄 바디의 고급 화이트와인 또는 섬세한 레드
- 빈티지 샴페인

추천 와인
- **보완:** 10년 이상 된 빈티지 샴페인; 숙성된 부르고뉴 레드; 숙성된 샤블리 그랑 크뤼, 몽라셰Montrachet; 숙성된 헌터Hunter 세미용
- **동반:** 절제된 피노 누아, 잘 익은 리슬링; 서늘한 지역의 오크 향 없는 샤르도네; 잘 익은 피노 그리; 전통적 방식 스파클링 와인

피할 와인
- 풀 바디의 과도한 과일향 와인이나 알코올이 높은 화이트 또는 레드는 섬세한 해산물 요리와는 맞지 않는다.
- 매우 어리거나 단순한 와인은 고급 식재료에 맞는 미묘함과 무게감이 모자란다.

대표 음식
달팽이 바질 볶음
Sauteed snails with basil
새우 찜 Steamed prawns (위)
생선 찜 Steamed fish fillet with soy sauce
and spring onions (아래)
민물 장어 볶음
Sauteed river eel with chives
잉어 조림
Braised grass carp

대표 음식

굴 면
Oyster vermicelli soup (위)
닭고기 버섯 수프
Chicken, mushroom and flower soup
돼지 선지탕
Pork blood soup (아래)
우육면(니우로미엔)
Beef noodle soup

향미 있는 수프
FLAVOURFUL SOUP

특성
• 강한 향미에서 은은한 향미, 감칠맛이 담긴 수프까지 여러 가지이다.
• 야채와 해산물, 육류, 국수 등 다양한 재료를 넣는다.
• 온도는 높다.
• 감칠맛도 높은 편이다.

와인 팁

고려 사항
• 어떤 스타일의 와인이라도 낮은 온도로 서빙해야 한다.
• 육수의 복합적인 향미와 맞으려면 과일향이 분명하고 단단한 산미를 갖춘 와인이라야 한다.

와인 선택
• 과감한 과일향 미디엄 바디 레드; 미디엄 또는 풀 바디 화이트
• 아로마 있는 드라이 화이트는 닭이나 해산물 수프에 잘 어울린다.
• 로제 또는 스파클링 와인은 다양성이 있어 무난하다.

추천 와인
• **보완:** 과일향 꼬뜨 뒤 론Côtes du Rhône 빌라주급; 신세계 피노 누아; 신세계 과일향, 약한 오크 향 샤르도네; 알자스 풀 바디 아로마 화이트; 샴페인; 보르도 화이트
• **동반:** 단순한 로제; 육류 수프에는 미디엄 바디 메를로 또는 시라; 스파클링 와인; 피노 그리/그리조

피할 와인
• 타닌이 높거나 오크 향이 강한 와인
• 연약하거나 너무 숙성된 와인 또는 섬세한 와인은 수프의 높은 온도와 스파이스로 힘을 잃는다.

복음 요리
STIR-FRIED

특성
- 일반적으로 간장 소스에 마늘과 생강으로 양념한다.
- 해산물과 야채가 주이며 여러 가지 재료를 섞는다.
- 기름기는 적당하다.
- 감칠맛도 적당하다.

와인 팁

고려 사항
- 해산물과 야채가 대부분인 요리에는 라이트 또는 미디엄 바디 와인이 어울린다.
- 강한 스파이스를 사용하지 않으므로 절제된 스타일의 와인이 음식의 무게와 어울린다.
- 산미가 단단한 와인이 기름기를 제어한다.

와인 선택
- 산도가 높고 과일향이 절제된 미디엄 바디의 다양성이 있는 와인
- 타닌이 도발적이지 않은 라이트 또는 미디엄 바디 레드와인
- 로제나 전통적 방식 스파클링 와인

추천 와인
- **보완:** 부르고뉴 빌라주 급 이상 레드: 서늘한 지역의 절제된 피노 누아; 신세계 서늘한 지역의 절제된 샤르도네; 세미용 소비뇽 블랑 블렌드; 잘 익은 알자스 피노 그리 또는 리슬링; 스페인 리아스 바이사스Rias Baixas; 샴페인
- **동반:** 보졸레; 남부 론 빌라주급 레드; 과일향 영 발폴리첼라Valpolicella; 알자스 피노 블랑; 파삭한 드라이 로제

피할 와인
- 과도한 과일향은 신선하고 섬세한 재료의 향미를 손상한다.
- 타닌이 강한 와인은 짠맛이 강한 음식과는 부딪힌다.

대표 음식
조개 마늘 볶음
Stir-fried clams with garlic (아래)
해산물 볶음면
Stir-fried seafood and noodles
물 냉이 마늘 볶음
Stir-fried watercress with garlic
쇠고기 죽순 볶음
Stir-fried beef
with bamboo shoots

대표 음식

삼배계(산베이지)
Three cup chicken (아래)

다진 돼지고기 스튜와 밥
Stewed minced pork with rice

돼지고기 볶음과 밥
Braised pork chops and rice

사차 소스 돼지 갈비와 밥
Spareribs in shacha sauce
with rice

육류 요리와 밥
MEAT WITH RICE DISHES

특성
• 간장 소스의 짜고 단맛이 감돌며 단백질 함량이 많다.
• 기름기가 풍미를 돋우며 지방 함량이 높은 편이다.
• 감칠맛도 강한 편이다.
• 밥이 같이 나오며 요리의 강한 풍미를 조절해 준다.

와인 팁

고려 사항
• 고기 위주의 요리에는 레드와인이 어울린다.
• 진한 재움 양념과 소스를 사용한 음식에는 과일향 레드와인이 향미의 강도와 맞다.
• 짠맛과 약간의 단맛이 어우러진 음식에는 타닌이 잘 익고 부드러운 와인이 좋다. 음식의 짠맛은 와인의 타닌을 더 부각시킨다.

와인 선택
• 과일향이 응집되고 타닌이 잘 익은 미디엄 또는 풀 바디 레드와인
• 높은 감칠맛 함량에 걸맞는 와인은 숙성된 풀 바디 레드가 최고이다.

추천 와인
• **보완**: 숙성된 론Rhône; 숙성된 신세계 서늘한 지역 쉬라즈; 숙성된 나파 카베르네 블렌드; 현대적 토스카나 IGT; 현대적 바르바레스코 Barbaresco; 아마로네Amarone; 숙성된 보르도 레드
• **동반**: 현대적 키안티; 과일향 발폴리첼라Valpolicella; 알리아니코 Aglianico, 프리미티보Primitivo 등 남부 이탈리아 레드; 남부 프랑스 쉬라즈와 그르나슈Grenache 또는 무르베드르Mourvedre 블렌드

피할 와인
• 요리의 풍부한 향미에 꺾일 수 있는 라이트 바디 와인이나 중성적 와인
• 과일향이 절제된 섬세한 와인

타이완 음식과 어울리는 지니의 5대 추천 와인
Jeannie's Top 5 for Taiwanese Cuisine

1

숙성된 보르도 레드

- 1990 Château Margaux, Margaux, Bordeaux, 프랑스
- 1983 Château Palmer, Margaux, Bordeaux, 프랑스
- 1982 Château Lafleur, Pomerol, Bordeaux, 프랑스

2

프르미에 크뤼 부르고뉴 레드

- Vosne-Romanée 1er Cru Les Beaux Monts, Domaine Leroy, Burgundy, 프랑스
- Vosne Romanée 1er Cru Malconsorts, Domaine Sylvain Cathiard, Burgundy, 프랑스
- Pommard 1er Cru Clos des Epenaux, Domaine Camille Giroud, Burgundy, 프랑스

3

프르미에 크뤼 부르고뉴 화이트

- Puligny Montrachet 1er Cru Les Combettes, Domaine Leflaive, Burgundy, 프랑스
- Puligny-Montrachet 1er Cru Les Folatieres, Château de Puligny-Montrachet, Burgundy, 프랑스
- Chablis 1er Cru Les Vaillons, Domaine Willam Fevre, Burgundy, 프랑스

4

알자스 리슬링

- Riesling Schlossberg, Domaine Paul Blanck, Alsace, 프랑스
- Riesling Grand Cru Kitterle, Domaine Schlumberger, Alsace, 프랑스
- Riesling Les Escaliers, Domaine Léon Beyer, Alsace, 프랑스

5

샴페인

- Brut Tradition Grand Cru NV, Egly-Quriet, Champagne, 프랑스
- Brut Classic NV, Deutz, Champagne, 프랑스
- Clos des Goisses, Philipponnat, Champagne, 프랑스

"매일매일이 여행이며 여행은 곧 삶이다."

마쓰오 바쇼

도쿄

Chapter 6

6 CHAPTER 도쿄

소개

인구 3720만
음식 일본식
대표 음식 일본 정식(가이세키), 생선 초밥, 새우 튀김, 메밀 국수(소바), 우동, 닭 꼬치구이(야끼도리)
와인 문화 아시아에서 가장 원숙한 와인 시장으로 소비량으로나 액수 모두 아시아 제일이다.
수입세 병당 US $1.50 + 5퍼센트 소비세

문화적 배경

도쿄는 현재와 과거가 나란히 손잡고 독자적인 모습으로 변화하고 있다. 도쿄에서는 일본 어느 곳으로도 기차로 빠르게 갈 수 있으며, 전국 어디로도 하루면 택배가 가능하다. 그러나 어떤 일을 결정하고 답을 내릴 때는 참을 수 없을 정도로 신중하고 느리다. 350만 명이 매일 신주쿠Shinjuku 기차역을 이용하지만 언제나 조용하며 질서가 있다. 존경받는 건축가 켄조Kenzo 나 구로카와Kurokawa의 미래파 건물 꼭대기에서는 신도 사당과 기모노를 입은 여자, 나무와 기와로 지은 전통 가옥들이 내려다보인다. 도쿄는 너무나 일본적인 독특한 정취가 있어 외국인들은 현혹될 수밖에 없다.

도쿄가 현대적 도시로 성장하게 된 계기는 2세기 반을 통치했던 도쿠가와 쇼군shogun들 덕분이다. 그들이 지배하기 전의 일본은 영향력 있는 다이묘daimyo들이 일본 열도를 나누어 통치했다. 1600년에 도쿠가와 이에야스가 권력을 잡고 에도(도쿄의 옛 이름)에 자리를 잡았으며, 그는 1603년에 쇼군으로 임명되었다.

한국도 마찬가지지만 유교 철학의 영향으로 일본 사회의 엄격한 계급 구조가 형성되었다. 4계급 중 왕족이 명목상 제일 높은 계급이며 다음으로 최고 권세를 휘두르는 다이묘와 그들의 부하 사무라이들을 꼽는다. 그 다음이 농민이며 마지막으로 장인과 예술가, 상인 등이 포함된다. 각 계급마다 지켜야 할 법도가 있고 계급간의 이동은 거의 불가능했다.

앞 페이지: 후지산과 석양 무렵의 도쿄
위쪽: 히메지Himeji성   오른쪽: 일본 전통 레스토랑

이 기간 동안은 정치적 안정이 계속되었으며 경제도 부흥하고 예술과 여가 생활도 즐겼다. 1868년에는 도쿠가와 쇼군의 통치가 끝나면서 권력이 천황에게 다시 넘어갔고 수도를 교토에서 도쿄로 옮기게 되었다. 메이지 천황의 개혁은 많은 변화를 일으켰다. 전기와 철도 등 기간 시설이 구축되고 입헌군주국이 설립되었다. 사무라이들을 대신하여 근대식 군대가 조직되었으며 신도Shinto가 국교가 되었다. 유럽식 교육 제도를 도입했으며 서구와의 무역과 교류도 빈번해졌다. 계급간의 경계도 서서히 무너지기 시작하며 일본은 지역적으로 다시 힘을 축적하기 시작했다.

천황 치하의 신식 군대는 청일 전쟁(1894~1895)과 러일 전쟁(1904~1905)에서 승리하면서 강력한 이웃들을 제압했다. 일본은 서서히 대만과 한국, 남양군도Micronesia를 식민지화 했다. 제국 건설은 메이지Meiji 천황의 통치하에 시작되어 타이쇼Taisho가 뒤를 이었으며, 아들 쇼와Showa는 2차 대전을 겪으며 1926년부터 1989년까지 통치했다.

전쟁 후 일본은 오히려 근면 정신과 활기가 되살아났다. 2차 대전 패망 10여 년 후에는 새 지하철과 철도가 건설되고 도시 기간 시설이 재건되었다. 1960년과 1970년대 도쿄는 아시아의 경제와 무역, 금융의 중심지가 되었다. 1980년대에는 일본 대기업

들이 호황을 누려 서구 주요 도시의 건물과 땅, 기업 등을 사들이기 시작했으나 1980년대 후반 증권 시장이 붕괴하면서 주춤해졌다.

쇼군Shogun 정치는 12세기부터 19세기까지 이어졌으며 쇼군 이념은 국민들에게 스며들었다. 사무라이의 행동 강령인 무사도Bushido는 충성과 복종, 명예, 용기, 검약 정신을 강조한다. 쇼군 정치가 끝난 후에도 이와 같은 정신은 계승되고 있다. 일본 현대 사회의 고용주와 피고용자의 관계나 회사에 대한 강한 충성심 등은 쇼군 이념에서 내려왔다. 이런 사회적 분위기는 수세기에 걸친 계급 사회 및 지배자와 피지배자를 규정하는 유교적 가치관의 잔재이기도 하다.

유교 외에 신도와 불교도 일본 사회와 문화의 바탕이 되었다. 신도는 일본 고유의 종교로 일본인들의 인생에 대한 접근 방식과 가치관을 여실히 보여준다. 신도는 모든 살아있는 생물이나 죽음에도 신kami 또는 영이 있다고 믿는다. 신도의 종교 의식은 정화와 자연과의 조화를 중요시하며 일본인들의 청결과 자연 존중, 작은 일에도 정성을 다하는 태도의 바탕을 이룬다. 매일 식사에도 '잘 먹겠습니다itadakimasu'라고 읊조리며 자연이 준 음식에 감사하며 겸손히 받아들인다.

음식과 식문화

아시아의 미식가라면 누구나 일본 음식에 열정적으로 빠지게 된다. 우선 밥공기 하나나 접시 하나, 음식 한 입에서 풍기는 첫인상부터 예술성과 정갈함이 묻어나와 놀라움을 느낀다. 재료 선택에서 준비, 마지막 상차림까지 세심한 주의를 기울이며 마치 음식의 신에 바치는 작은 예배같이 정성을 들인다. 다음은 깊은 존경심을 느끼게 된다. 생선회를 뜨든, 두부를 요리하든, 가이세키 순서에 신경을 쓰든, 음식을 준비하면서 작은 한 부분에 숙달하려고 일생을 바쳐 노력하는 사람들에 대한 존경심이다.

일본의 음식 문화는 일본의 모든 것을 포함하는 소우주처럼 보인다. 이 점은 보고 느끼기보다 이해를 해야 하는 영역이다. 자연과 자연의 향미에 대한 경외심과 기술에 정통하기 위한 인내와 노력, 관습에 대한 집착, 장인에 대한 존경심, 균형과 조화, 시각적 만족의 추구 등 일본 사람들의 인생에 대한 가치관이 음식에서 여실히 나타난다.

일본의 음식과 식사 예절은 수세기에 걸쳐 예술적인 형태로 승화되었다. 각각의 재료는 최적의 향미를 내기 위해 다듬어지고 완성된다. 식문화의 확산은 상당 부분 종교적, 정치적, 사회적 영향을 받는다. 6세기경부터는 불교는 일본 지배 계급의 생활에 영향을 끼치기 시작했으며 수세기를 지나며 여러 갈래의 교파로 나뉘어졌다. 그후 1천여 년 동안은 채식주의를 신봉하는 식문화였으며, 신실한 불교신자들은 육류나 생선을 먹지 않고 콩으로 영양을 보충했다. 불교는 식탁에서도 정신적인 예가 행해져야 한다고 믿는다. 수도승들은 음식을 준비하고 먹는 행위를 정신 수행으로 생각한다. 재료를 씻거나 얇게 저미거나 토막 내는 단순한 행위도 의식의 일부로 받아들인다.

그러나 1800년대 후반 메이지 유신 이래로 불교가 내리막길을 걷고 신도가 국교로 위상을 높이게 되면서 고기와 생선을 기피하지 않게 되었다. 신도 의례도 음식 문화에 큰 영향을 끼쳤다. 음식은 자연과 계절에 연관되어 있으므로 최고의 음식은 순수한 자연 그대로의 계절 음식이라는 철학을 갖고 있다. 요리사들은 산이나 바다에서 제철 식재료를 찾으며 계절마다 뚜렷이 다른 음식을 만들려고 노력한다. 최고의 일본 요리사는 향미를 더하거나

일본 일상 음식과 와인 대조표*

음식의 향미		와인의 성격		음식의 미감	
• 짠맛	●●●●○	• 당도	드라이	• 무게/풍부함	●●○○○
• 단맛	●●●○○	• 산도	●●●●●	• 기름기	●●○○○
• 쓴맛	●○○○○	• 타닌	●●○○○	• 질감	●●●●●
• 신맛	●●○○○	• 바디	●●●○○	• 온도	●●○○○
• 스파이스	●○○○○	• 향미의 강도	●●●○○		
• 감칠맛	●●●●●	• 피니시	●●●●○		
• 향미의 강도	●●●○○			낮음 ●●●●● 높음	

오른쪽: 신주쿠Shinjuku
* 일본 가이세키와 초밥/생선회를 제외한 모든 음식을 포함함.

바꾸기보다, 불필요한 향미를 제거하여 재료의 순수성과 정수를 표현하는데 골몰한다.

아시아의 미식가들은 도쿄에 오랫동안 경의를 표해 왔다. 전후 아시아에서 가장 부유하고 앞선 도시인 도쿄의 식문화는 일본의 경제와 나란히 발전했다. 레스토랑이 우후죽순처럼 늘어나고 적소에 자리 잡은 전문 음식점들이 번창했다.

특수 음식만으로 유명한 거리나 구역도 생겼다. 긴자Ginza는 즉석 초밥(스시)으로, 칸다 Kanda은 메밀 국수, 카구라자카 Kagurazaka는 가이세키 레스토랑으로, 유라쿠초Yurakucho 기차 선로 아래에는 꼬치구이 가게가 늘어서 있다.

이런 음식점에서 각기 다른 음식들을 먹어 보는 것도 재미있는 경험이다. 초밥 식당은 작고 깔끔한 카운터에 열 명 남짓한 손님이 앉을 수 있다. 요리사가 선택하는 순서에 따라 즉석에서 만들어 나누어 주는 초밥을 즐긴다. 나베모노, 스키야키, 샤브샤브 등 뜨거운 냄비 요리 전문점은 여럿이 모여 먹을 수 있는 즐거운 장소이다. 라면은 시끄러운 기차역 아래에서 후루룩 빨리 먹어야 제격이다. 템푸라점에서는 요리사 옆에 붙어 앉아 뜨거운 기름에 금방 튀긴 바싹한 튀김 조각을 받

아먹어야 한다. 꼬치구이점은 치킨 기름의 맛난 냄새로 흥건하다. 식사는 모두 색다르고 특이한 도시의 맛과 멋을 보여준다.

고급 음식점이나 길거리 국수집이나 간단한 음식점이라도 음식은 맛있고 품질이 매우 좋다. 미슐랭 가이드Michelin Guide도 파리나 뉴욕보다 도쿄의 레스토랑에 더 많은 별점을 주며 이를 인정하고 있다.

미식가들이 도쿄를 찾는 이유는 일본 음식때문만은 아니다. 아시아의 어떤 도시보다 세계적으로 유명한 요리사－재이미 올리버Jamie Oliver, 노부 마추히사 Nobu Matsuhisa, 토드 잉글리시Todd English, 울프강 팍Wolfgang Puck － 들이 많이 모여 있기 때문이기도 하다. 최근에는 엘 불리El Bulli의 페란 아드리아Ferran Adria와 조엘 로부숑 Joel Robuchon 등의 세계적인 톱 셰프의 창의적 요리가 일본 음식의 영향을 받으면서 일본 용어가 국제 요리 용어에 그대로 쓰이고 있다. 예를 들면 스시는 초밥 위에 날 생선을 얹은 초밥이며 템푸라는 바싹하게 튀긴 음식, 미소는 일본 된장으로 일본어가 그대로 사용된다.

일본은 수백 년 동안 외부와는 고립된 국가였지만, 아시아나 유럽의 영향을 받은 음식도 많다. 외국에서 들어와 일본에서 인기 있는 음식이 된 예로 우동과 소면, 라면, 교자 만두는 중국에서, 야키니쿠Barbecue는 한국에서, 템푸라는 포르투갈(어떤 학자는 아시아라고 한다)에서 들어왔다.

요리

일본 음식도 각기 다른 개성적 스타일과 지역적인 변형이 있어 한마디로 규정하기는 어렵다. 일본과 한국 사이의 가장 가까운 거리는 100킬로미터밖에 떨어져 있지 않지만 음식은 분명히 다르다. 도쿄 사람들이 좋아하는 초밥은 원래 일본 음식이지만 소바나 라면, 야끼도리는 외국에서 들어와 도쿄에 뿌리를 내린 음식이다.

도쿄는 1868년부터 일본의 수도였으며 교토의 왕족들이 전승한 세련되고 우아한 궁중 요리가 그대로 남아 있다. 그러나 현지 주민들은(당시에는 에도꼬Edokko라고 불렀다) 세련된 심미주의와는 거리가 멀었으며 검은 미소나 진한 다시 국물을 좋아했다. 도쿄의 넓은 습지를 오늘날의 멋진 도시로 만든 노동자들이 먹던 음식은 요즈음 도시인들이 즐기는 일상 음식과 크게 다르지 않다.

일본 음식의 여러 가지 특징 중에서 특히 재료의 조직감과 감칠맛, 음식을 먹는 순서와 시각적 효과 등이 부각된다. 강한 향미를 좋아하면 일본 음식의 맛이 밋밋하게 느껴질 수 있다. 일본 요리는 복합적인 미묘함이 있으며 균형과 섬세함, 질감으로 그 맛을 즐긴다. 참치회 한 조각을 칼로 써는 것은 간단하지만 맛의 차이는 엄청나다. 어디 산 참치인지, 신선도와 크기, 나이, 부위, 썬 기술, 서빙 온도, 간장과 와사비에 따라 맛이 달라진다. 같은 참치라도 부위가 다르면 이름도 다르다. 기름기가 없는 부분은 마구로라

위쪽: 일본 가이세키 중 성게 요리

고 하고 뱃살의 기름진 부분은 토로라고 한다.

감칠맛은 일본의 한 교수가 정의한 맛(참조 p.17)이며 대부분의 일본 음식에서 찾을 수 있다. 은은한 풍미는 원래 있는 음식 재료의 기본 향미를 끌어내어 더 향상시킨다. 감칠맛의 강도가 높은 다시는 수프나 탕 또는 소스의 기본으로 완벽한 맛을 만든다. 그 외 미소와 간장(둘 다 감칠맛이 높다), 설탕, 사케, 미린(약간 단 청주), 쌀 식초 등을 조미료로 사용한다.

정찬을 순서에 따라 내는 것은 중국 연회에서 오랜 전통으로 확립되었지만 일본에서는 이를 예술로 승화시켰다. 공들이는 일본 가이세키(會席)는 일본의 전통적 여관에서는 거의 시적인 체험으로 다가온다. 코스 요리는 종교적 의식처럼 꼼꼼하게 진행된다. 전채, 국물 요리, 생선회, 구이, 조림, 계절 요리가 뚜껑 덮인 그릇에 나오고 다음이 공깃밥 순이다. 분위기와 그릇도 음식만큼 중요하다. 정원이나 분재를 볼 수 있는 고즈넉한 작은 방에서 음식을 즐기기도 한다. 공기나 접시, 칠기도 계절에 따라 조심스레 선택하고 음식의 맛을 돋운다. 요리사는 계절과 날씨를 고려하여 음식에 조화와 세련미를 더하려고 노력한다. 시각적인 조화는 음식의 다섯 가지 주요 색깔 즉 노랑과 검정, 흰색, 초록, 빨강을 염두에 두고 예쁘게 배열한다.

일본 음식은 생선과 조개, 해초 등 바다 해산물에서 많은 영감을 얻는다. 일본인은 해산물을 다양한 조리법으로 탐닉하며, 초밥이나 생선회처럼 날로 먹는 것을 가장 좋아한다. 바다의 향미는 다시 국물의 기본이 되기도 한다. 일본 수프와 소스, 양념의 기본 향미를 내는 주재료는 말린 훈제 가다랭이(가쓰오 부시)와 다시마이다.

5세기경 일본에 벼 농사가 도입된 후 쌀밥은 식사의 기본이 되었다. 아침에도 밥을 먹으며 그 외에는 국수도 수세기 동안 인기

를 누려왔다. 면 종류도 많으며 국수 전문 레스토랑도 세분화되어 있다. 가장 흔한 면은 소바(메밀면), 우동(굵은 밀면), 소면(가늘고 흰 밀면)과 라면(노랑 밀면)이다.

기본 소스는 콩이 주재료이며 발효시켜 간장과 일본식 된장인 미소를 만든다. 콩은 또 두부와 유부yuba의 재료가 된다. 어리고 신선한 콩을 소금 간을 하고 쪄서 스낵을 만들기도 하고, 수백 종의 말린 콩이나 생콩을 필수 단백질로 섭취한다.

콩 외의 야채도 불교 인구가 많은 일본에서는 주요 먹거리이다. 산에서 채취하거나 밭에서 기르는 야채를 조리거나 초를 치거나, 절임, 튀김, 혹은 먹을 수 있는 장식용으로 활용한다. 요리에 쓸 수 있는 양송이나 버섯도 수천 종이 있으며, 북부 이탈리아의 비싼 화이트 송로버섯truffle에 버금가는 것도 많다. 향미로 유명한 송이버섯Matsutake은 작은 차 주전자에 찌면 정말 맛있다. 감칠맛이 배어 있는 버섯의 섬세한 향미는 은은한 깊이와 질감으

로 진가를 인정받는다.

일본 음식은 서양처럼 재료로 구분하기보다 조리법으로 구분한다. 구이와 볶음, 튀김, 졸임, 찜, 초절임으로 크게 나눌 수 있다. 일상 음식은 면과 냄비 요리, 공깃밥, 수프, 초밥 등으로 나눈다. 주재료와 양념은 강하지 않고 은은하므로, 만약 두부 요리가 다르다면 양념보다는 조리법의 차이에서 온다.

일본의 음식 문화에 대한 나의 단순한 언급은 일본 요리의 심해에 비치는 한 줄의 희미한 빛과도 같다. 일본 요리는 일본의 전통과 마찬가지로 엄숙하고 고요한 심오함이 있다. 대화에도 침묵과 멈춤의 미가 있고, 단순한 돌멩이나 나무도 감탄의 대상이 될 수 있음과 같은 이치다. 간단한 야채 수프에도 많은 미묘한 향미를 느낄 수 있으며, 일본 명장의 요리에는 영이 깃들어 있다. 감성을 어르며 마음에 섬광을 일으키고 영혼을 끌어당기는 요리에 감동할 수밖에 없다.

일본 음식 이름

돈부리Donburi: 돼지고기 또는 장어, 튀김 등을 밥에 얹어 내는 덮밥

가이세키Kaiseki Ryori: 순서와 상차림을 중요시 하는 일본 정찬 코스 요리

나베Nabe: 뜨거운 냄비 요리

오코노미야키Okonomiyaki: 오징어와 양배추, 계란을 섞은 일본식 전

라면Ramen: 돼지고기 육수와 노랑면

사시미Sashimi: 생선회와 와사비 간장 소스

샤브샤브Shabu shabu: 얇게 썬 쇠고기와 다른 재료를 상에서 큰 냄비에 끓이는 요리

소바Soba: 메밀면. 간장 기본 소스에 차게 해서 찍어 먹는다.

스키야키Sukiyaki: 얇게 썬 쇠고기 냄비 요리. 생 계란에 찍어먹는다.

스시Sushi 또는 **니그리 스시**nigiri-sushi: 초밥 위에 와사비를 바르고 날생선 조각을 놓는다.

뎀푸라Tempura: 가볍게 밀가루 반죽을 입힌 튀김

우동Udon: 굵고 흰 밀가루 면을 수프에 넣거나 기름에 가볍게 튀긴다.

와사비Wasabi: 일본식 양 고추냉이horseradish, 옅은 초록색으로 즉석에서 간다.

야끼도리Yakitori: 닭 꼬치구이

음료와 와인 문화

일본은 차 외에도 쌀을 기본으로 하여 빚는 곡주 등 풍부한 음료 문화가 있다. 전통적 음료가 깊이 스며든 환경에서는 와인과 같은 수입 음료는 쉽게 자리를 잡지 못한다. 특히 일본인들은 중국에서 건너온 차를 예술의 경지로 끌어올렸다. 불교 승려 에이사이Eisai가 차 문화를 도입했다고 전해지며 12세기 이래로 녹차는 일본과 동의어가 될 정도였다. 차 문화는 시와 서예, 도예 등에 영감을 불어넣었으며 차의 준비 과정과 이를 즐기는 법도는 전통적 예법으로 정착되었다.

다도Sado는 차와 더불어 자연과 계절을 느끼며 정신적인 관조와 명상의 시간을 즐기는 법도이다. 찻집은 고요한 정원과 아름다운 서예와 꽃꽂이ikebana 등 자연 친화적이며 예술적인 분위기로 꾸민다. 차 감상의 절정에 도달하면 차는 단순한 차가 아니며 음료를 마시는 단순한 즐거움을 넘어선다. 인생에 대한 심미적 감상으로 가득 차게 된다. 다도 자체는 의식이지만 평화와 경의로 가득 찬 감성이 정점을 이루는 의식이다. 차는 12세기 경 부터는 교토 근처에 녹차 밭이 조성되어 식문화의 일부로 계속 이어지고 있다.

일본의 곡주 역사는 1500년이 넘는다. 사케 양조의 전통은 12세기까지 거슬러 올라가고 유명한 생산 지역은 적어도 5백년 이상 유지되어 왔다. 사케는 공식적인 행사나 생일, 장례, 결혼 등 인생의 중요한 의식에는 빠질 수 없는 술이다. 고급 사케는 사케 장인toji이 쌀을 선택하고 정확한 도제와 좋은 용수, 발효균을 골라 능숙하게 조화시켜 빚는다. 등급은 매우 드라이한 +20부터 매우 단 -15까지 있으며 알코올 농도는 15~18도이다. 최고급 사케는 그 맛이 매우 복합적이며 꽃과 흙, 견과류 향 등 여러 종류의 미묘한 향을 간직하고 있다. 와인처럼 스타일에 따라 서빙 온도가 다르고 컵의 모양과 크기도 다르며 향미를 표현하는 수식어도 풍부하다.

맥주도 일본인들이 사랑하는 음료이다. 아사히Asahi와 기린Kirin, 산토리Suntory, 삿포로Sapporo 등이 일본의 맥주 산업을 석권하고 있다. 소주Shochu는 알코올 도수가 25~40도이며 고구마나 보리, 쌀, 밤 등을 원료로 만든다. 최근에는 새롭게 부흥되어

생선 초밥/생선회와 와인 대조표

음식의 향미		와인의 성격		음식의 미감	
• 짠맛	●●●●○	• 당도	드라이	• 무게/풍부함	●●○○○
• 단맛	●○○○○	• 산도	●●●●○	• 기름기	●●○○○
• 쓴맛	●○○○○	• 타닌	●○○○○	• 질감	●●●●●
• 신맛	●●○○○	• 바디	●○○○○	• 온도	●○○○○
• 스파이스	●○○○○	• 향미의 강도	●●○○○		
• 감칠맛	●●●●●	• 피니시	●●●●●		
• 향미의 강도	●○○○○				

낮음 ●●●●● 높음

오른쪽: 사케 통Sake barrels

오키나와에서는 아와모리awamori라고 불리기도 한다. 오래된 소주는 고급 와인 가격과 맞먹는다. 사케나 맥주는 와인과 마찬가지로 판매가 늘어나지 않고 있으며 고급품만 약간 상승하는 경향을 보이고 있다. 와인 수요가 늘기 전에 사업상 접대에 늘 함께하던 위스키나 꼬냑의 판매도 부진해졌다.

수입산이든 국내산이든 일본에서 포도로 만든 와인을 마신 역사는 비교적 오래되었다. 상업적으로 와인을 만든 와이너리 중 첫번째는 도쿄 근교의 중부 지방에 위치한 야마나시Yamanashi 현에 1백여 년 전에 설립되었다. 지금은 와이너리가 몇 백 개가 넘으며 대부분 규모는 매우 작다. 일본에서 고품질의 와인을 만들기 어려운 이유는 포도가 익는 시기와 장마철이 겹치기 때문이다. 그러나 일본의 와이너리들은 와인에 대한 일본인들의 이해를 증진시키는데 일조를 했으며, 최근에는 토착 품종인 청포도 고슈Koshu로 만든 와인을 장려하여 출시하기도 했다.

와인 붐이 일어난 1990년대에는 일본이 세계에서 가장 큰 와인 소비국이 될 것이라는 전망도 있었으나 1인당 2리터에서 더 이상 소비가 늘지 않고 있다. 그러나 지금도 일본은 질적으로나 양적으로 아시아에서 가장 중요한 와인 수입국이다. 다른 아시아 국가와 마찬가지로 프랑스 레드 와인이 인기가 높다.

일본 와인 시장은 다층적이며 와인 교육도 늘어나고 있다. 1만 3천여 명의 소믈리에가 있으며 대중 문화계, 특히 만화 〈신의 물방울〉은 젊은 세대의 와인 소비를 불러 일으켰다.

와인은 일본의 음료 문화에 꼭 들어맞는 술이다. 전통적으로 제례 의식에는 항상 쌀로 만든 청주가 동반되었고, 사회적 만남이나 사업적 관계에서도 음주가 중요한 역할을 한다. 알코올 음료는 사회적 윤활유로, 일상 생활에 층층이 배어 있는 굳은 관습에서 벗어날 수 있는 기회를 마련해준다. 다른 아시아 이웃과 마찬가지로 사업적인, 개인적인 관계가 술자리에서 해결되며 같이 술을 마시면 서로 믿고 호의를 갖게 된다고 생각한다.

일본 소믈리에 협회는 아시아에서 가장 크며 세계적으로도 두 번째로 큰 규모를 자랑한다. 1969년 이래 무려 1만 3천 명이 시험에 합격하여 당당한 소믈리에의 지위에 올랐다. 시험은 상당히 어려운데 과목은 필기와 테이스팅, 서비스 등이다. 어려운 소믈리에 시험을 원하지 않으면 와인 어드바이저Wine Advisor나 와인 엑스퍼트Wine Expert와 같은 자격 시험도 있다.

와인과 일본 음식

일본 음식과 와인 매칭은 아시아 다른 어떤 나라의 음식보다도 쉽다. 음식 종류가 스시와 소바, 라면, 야끼노리, 가이세키 등 정형화되어 있어 와인을 선택할 때 향미의 범위가 한정된다. 양념이나 맛도 강하거나 도발적이지 않아 와인의 맛과 향을 비교적 그대로 살릴 수 있다. 그러나 음식의 은은한 향미로 인해 절제된 향미의 와인이 필요한 반면, 음식의 복합적인 조직감을 살리려면 복합적으로 반응하는 와인이 필요하기 때문에 색다른 도전이 기다리고 있다. 대부분 일본 음식의 높은 감칠맛은 음식의 여러 가지 미묘한 맛에 균형과 원만함을 주고 향미에 깊이를 더한다.

스시의 주재료는 날 생선과 밥이며 둘 다 가볍다. 그러나 와사비와 간장을 더하면 향미가 대비되며, 생선 종류에 따라 깊이와 풍미, 질감이 달라짐을 느끼게 된다. 따라서 기본 샤블리Chablis 같은 단순하고 가벼운 화이트와인과 무난히 동반할 수는 있지만, 이러한 와인은 스시를 알맞게 보완하지는 못한다. 더 깊이가 있고 무게가 있는 오래된 샤블리 그랑 크뤼 또는 숙성된 몽라셰Montrachet, 비스킷 향의 빈티지 샴페인이 오히려 더 잘 어울린다. 숙성된 부르고뉴 레드도 스시와 잘 맞고 참치 뱃살toro 또는 방어hamachi와 멋지게 어울린다. 창의적인 요리사는 간장대신 바다 소금으로 생선의 순수하고 깨끗한 향미를 유지한다. 이런 경우는 고품질의 깔끔한 오크 향이 없는 화이트와인이 잘 어울린다. 드라이 루아르 밸리Loire Valley 또는 오스트리아의

그뤼너 펠트리너Grüner Veltliners 등이 좋다.

가이세키라고 불리는 일본 정식은 순서에 따라 작은 접시가 나오고 접시마다 고유한 풍미가 조합되어 있어 와인과 맞추기가 쉽지 않다. 음식은 대부분 품질이 좋고 비싼 계절 재료를 사용한다. 또 식사를 즐기는 고요하고 평화로운 분위기도 고려해야 한다. 이런 경우에는 와인의 색깔이나 스타일보다는 와인의 품질과 균형감이 더 중요하다. 코스 요리가 계속되는 시간이 충분하기 때문에 섬세한 고급 와인을 잔에 따르고 마시며 변해가는 향미를 즐길 수 있는 여유도 있다.

와인 한 병이 모든 음식과는 어울리지는 않아도, 와인이 충분히 숙성되어 정점에 도달한 고품질이라면 식사와 무난히 잘 어울릴 수 있다. 다만 너무 외향적이며 과일향이 과도하거나, 타닌이 강하거나, 알코올 도수가 높은 와인은 피해야 한다. 식사 전체의 조화를 깨트리고 흐름을 방해한다. 15년 이상 된 독일 고급 리슬링 또는 10년 이상 된 레드 부르고뉴 그랑 크뤼가 멋지게 어울린다.

일상 음식은 정식 식사보다 향미가 풍부하다. 기본 되는 풍미의 조합은 간장 소스와 미린을 첨가한 미소나 다시, 약간의 설탕이다. 튀김이나 찬 메밀면은 혼합 양념을 직접 사용하지는 않지만 소스에서 찾을 수 있다. 와인은 음식의 감칠맛 함량과 맞는 충분한 과일향을 지닌 와인이 좋다. 예를 들면 리오하Rioja 그랑 레세르바의 풍부한 과일향은 꼬치 구이의 양념이나 무 졸임daikon 또는 닭요리와 동반할 수 있고, 숙성된 향미는 음식의 높은 감칠맛과 어울린다.

튀김 음식은 기름기를 제어할 수 있는 산도가 높은 와인이 좋다. 마콩Mâcon이나 푸이퓌세Pouilly-Fuissé 같이 파삭한 미디엄 또는 풀 바디 화이트가 이상적이다. 알자스 리슬링이나 드라이 팔

츠Pfalz 리슬링 등 충분한 바디와 상큼한 산미가 있는 화이트도 좋은 파트너가 된다. 타닌이 부드럽게 숙성된 라이트 바디의 부르고뉴 레드도 잘 어울린다. 튀김이나 볶음 요리에는 로제 샴페인이 최고이다.

국수는 일반적으로 식사대신 급히 먹는 음식으로 메밀면이나 우동, 라면 등의 일본 국수와는 와인 매칭이 까다롭다. 수프나 국물 있는 음식은 뜨겁기 때문에 와인을 함께 마시기가 어렵다. 와인대신 국물 맛을 음미하는 것이 더 나을 것 같다. 국수와는 신세계 피노 누아 또는 스파클링 와인처럼 다양성이 있는 와인이 좋다. 얇은 쇠고기와 감칠맛 함량이 많은 뜨거운 냄비 요리에는 풍미가 있으며 활달한 성격의 와인이 좋다. 예를 들면 꼬뜨 뒤 론 Côtes du Rhône이나 숙성된 샤또네프 뒤 파프Châteauneuf-du-Pape 등이 어울린다.

간단히 일상 식사를 할 때는 식탁이 작아 와인 잔을 놓을 공간이 부족하며 여러 가지 문화적 문제가 생긴다. 스시와 라면집 카운터는 비좁아 잔대가 높은 와인 잔은 넘어지기 쉽다. 이자카야(pub-restaurants)나 야끼도리, 템푸라 가게도 와인 병이나 잔, 얼음통 등을 늘어놓기에는 부족하다. 국수나 덮밥 같은 일상 음식은 주문하여 먹고 계산을 끝내는데 한 시간도 걸리지 않는다. 긴자의 좋은 스시 가게도 마찬가지다. 여러 명이 그룹으로 같이 가지 않는 한 와인을 주문하여 즐길 환경이 안 된다.

다른 아시아 도시도 마찬가지이지만 이런 문화적인 여건으로 인해 식사와 별도로 와인을 즐기고 마시게 된다. 도쿄에는 식사 후 와인을 스낵과 마시는 와인 바가 즐비하다. 가라오케 바나 맥주 주점에서도 와인을 팔며, 와인을 땅콩이나 과일, 치즈, 말린 생선 등 안주와 함께 즐기는 문화가 조성되었다. 도쿄의 스낵은 대부분 한국과 비슷하다.(참조: 서울 p.132~133 와인과 안주)

일본 정찬 가이세키와 와인 대조표

음식의 향미		와인의 성격		음식의 미감	
• 짠맛	●●●●○	• 당도	드라이	• 무게/풍부함	●○○○○
• 단맛	●●○○○	• 산도	●●●●○	• 기름기	●○○○○
• 쓴맛	●○○○○	• 타닌	●○○○○	• 질감	●●●●●
• 신맛	●○○○○	• 바디	●○○○○	• 온도	●○○○○
• 스파이스	●○○○○	• 향미의 강도	●●○○○		
• 감칠맛	●●●●●	• 피니시	●●●●●		
• 향미의 강도	●●○○○			낮음 ●●●●● 높음	

대표 음식

부드러운 해산물
Silky textured seafood, 예) 성게 (위)

흰 살 생선 Raw white fish,
예) 도미, 잉어

생선 초밥 Assorted sushi (아래)

기름진 생선 Raw fatty fish,
예) 연어, 참치 뱃살

김 초밥(마끼)
Rolled sushi

생선회, 생선 초밥
RAW FISH, SUSHI & SASHIMI

특성
• 향미는 중성적이며 바디는 가볍다.
• 간장 소스와 향을 내는 와사비가 함께 나온다.
• 미묘하고 섬세한 질감이 맛을 지배하며 재료의 무게에 따라 식감이 다르다.
• 초밥을 싸는 김과 간장 소스는 감칠맛이 높은 식품이다.
• 소스 외에는 향이 뚜렷하지 않아 향보다 재료의 질감이 중요하다.
• 생강 절임은 입을 개운하게 해주며 늘 함께 나온다.

와인 팁

고려 사항
• 고품질의 싱싱한 생선이 기본이므로 와인도 고품질이라야 한다.
• 음식의 질감이 섬세하므로 은은하고 복합적인 향미의 와인이 어울린다.

와인 선택
• 고품질의 라이트나 미디엄 바디 화이트 또는 섬세하고 숙성된 레드
• 이스트와 오래 숙성시킨 섬세한 질감의 중후한 빈티지 샴페인
• 가볍고 중성적인 와인

추천 와인
• **보완:** 블랑 드 블랑Blanc de blanc 빈티지 샴페인: 숙성된 샤블리 그랑 크뤼; 오스트리아 리슬링 스마라그드Smaragd: 숙성된 그랑 크뤼 또는 프르미에 크뤼 부르고뉴 화이트; 숙성된 고품질 부르고뉴 레드
• **동반:** 북부 이탈리아 화이트; 리아스 바이사스Rias Baixas; 보졸레 크뤼; 전통적 방식 스파클링 와인

피할 와인
• 과일향이 강하거나 알코올 도수가 높은 화이트와 레드는 음식의 은은한 향미를 짓누른다.
• 아주 어린 와인이나 단순한 와인은 미묘함과 미감이 부족하여 섬세한 고급 식재료와 어울리지 않는다.

정찬 가이세키
KAISEKI MEAL

특성
- 생선과 가벼운 해산물 찜, 튀김, 국 등으로 구성되며 향미와 강도, 바디, 풍부함, 질감 등이 다양하다.
- 무게와 향미의 강도가 코스마다 다르다.
- 간장 소스나 피클이 따라 나온다.
- 순서와 배합, 색깔 등 작은 부분도 정성을 다하는 세련된 음식이다.
- 감칠맛의 함량이 높다.

와인 팁

고려 사항
- 음식의 향미와 질감이 다양하므로 다양성을 갖춘 와인만이 문제를 해결할 수 있다.
- 식사의 분위기에 어울리는 와인은 반드시 섬세하며 정교해야 한다.

와인 선택
- 절제된 과일향과 단단한 산도가 있으며 섬세하고 세련된 라이트나 미디엄 바디 와인
- 타닌이 부드럽고 숙성된 라이트 바디 레드와인
- 가벼운 오크 향과 시원한 산미가 있는 미감이 중후한 화이트
- 숙성된 샴페인

추천 와인
- **보완:** 고급 부르고뉴 화이트 또는 레드; 빈티지 샴페인; 숙성된 고급 신세계 피노 누아; 서늘한 기후의 가벼운 오크 향 샤르도네; 알자스 피노 그리Pinot Gris 또는 리슬링; 숙성된 보르도 화이트
- **동반:** 신세계 리슬링; 현대적 리오하Rioja 화이트; 알자스 피노 블랑; 남 프랑스 로제; 신세계 전통적 방식 스파클링 와인

피할 와인
- 은은한 향미를 방해 할 수 있는 강한 과일향의 외향적 와인
- 알코올이 높은 와인 또는 오크 스타일 와인은 음식의 향미를 거스른다.

대표 음식
구이(야키모노)Broiled dish (위)
조림Simmered dish
계절 수프Seasonal soup
생선회와 초밥
Sushi or Sashimi (아래)
밥과 국Soup and rice
냄비 요리Hot pot dish

조림 요리(니모노)
SIMMERED DISHES, NIMONO

특성
- 살이 도톰하고 입에 가득 차며 미디엄 바디를 지니고 있다.
- 간장 기본 소스에 다시(말린 생선과 다시마)와 맛술, 설탕이 들어간다.
- 주재료와 소스에도 원래 강한 감칠맛 풍미가 있다.
- 아주 뜨겁지는 않으며 적당히 따뜻한 온도이다.

와인 팁

고려 사항
- 높은 감칠맛을 지닌 음식에는 숙성된 와인이 어울린다.
- 복합적인 향미의 고급 와인이 음식의 매끄러운 질감과 입 속에 감도는 감칠맛의 향미를 아우를 수 있다.

와인 선택
- 고품질의 숙성된 라이트나 미디엄 바디 레드
- 숙성된 부르고뉴 화이트

추천 와인
- **보완:** 15년 이상된 보르도 레드; 15년 이상 된 바롤로; 10년 이상 된 신세계 카베르네 또는 시라 기본 와인; 8년 이상 된 부르고뉴 레드; 최소 5년 된 부르고뉴 그랑크뤼 화이트
- **동반:** 부르고뉴나 독일 또는 서늘한 지역. 신세계 피노 누아; 샴페인; 고급 로제

피할 와인
- 타닌이 도발적이거나 과일향이 강한 와인은 음식의 섬세한 향미를 거스른다.
- 아주 어리거나 단순한 와인은 높은 감칠맛 함량에 부응하지 못한다.

대표 음식
두부 야채 조림
Simmered tofu with vegetables
모듬 야채 조림
Simmered mixed vegetables (위)
닭 조림
Simmered chicken
생선 조림
Simmered fish

볶음 요리
FRIED DISHES

특성
- 음식의 무게는 무겁지 않고 중간 정도이다.
- 질감을 강조하며 향미는 섬세하다.
- 간장 소스로 만든 기본 양념이 보편적이다.
- 지방 함량은 중간보다 약간 높은 편이다.
- 감칠맛은 강하다.
- 음식의 온도는 높다.

와인 팁

고려 사항
- 산미가 단단한 와인으로 음식의 기름기를 누르고 느끼한 맛을 없애야 한다.
- 요리는 중간 정도 무게로 향미가 강하지 않고 섬세하므로 와인도 은은한 과일향이 좋다. 화이트와인이 어울리지만 간장 기본 소스를 사용하기 때문에 레드와인도 무난하다.

와인 선택
- 타닌이 부드럽고 상큼한 산미가 있는 라이트 바디 레드와인
- 파삭한 산미의 미디엄이나 풀 바디 화이트 또는 가벼운 오크 향 와인도 잘 어울린다.

추천 와인
- **보완**: 부르고뉴 빌라주 또는 프르미에 크뤼 급; 신세계 피노 누아; 영 보르도 화이트; 영 비오니에Viognier; 서늘한 기후, 신세계 샤르도네, 소비뇽 블랑 또는 세미용 블렌드; 풀 바디 샴페인
- **동반**: 보졸레 크뤼; 북부 이탈리아 화이트; 신세계 스파클링 와인; 파삭한 로제

피할 와인
- 타닌이 강한 와인은 소스의 짠맛과도 맞지 않고 주재료의 섬세한 질감과도 맞지 않는다.
- 알코올이 높거나 과도한 과일향 와인은 음식의 은은한 향미를 압도한다.

대표 음식
볶음면(야끼소바)
Stir-fried noodles
새우 야채 튀김(뎀푸라)
Deep-fried shrimp
and vegetables (아래)
일본식 전(오코노미야키)
Pan-fried batter cake
볶음밥Fried rice

대표 음식

튀김 덮밥Tempura donburi

닭고기 계란 덮밥
Chicken and egg with rice

장어 덮밥Eel and rice (아래)

돈까스 덮밥
Fried pork cutlet and rice

소고기 덮밥
Sliced beef and rice

덮밥(돈부리)
RICE BOWL MEALS, DONBURI

특성
- 간장 소스로 맛을 내기 때문에 짠맛이 비교적 높다.
- 해산물에서 육류까지 다양한 재료를 쓴다.
- 밥은 위에 얹는 음식의 약간 달고 짠맛을 묽게 한다.
- 감칠맛은 중간에서 조금 높은 정도이다.
- 지방은 적당하고 맛은 풍부하지만 음식은 무겁지도 진하지도 않다.

와인 팁

고려 사항
- 미묘하면서도 과일향이 뚜렷한 미디엄 바디 와인이 간장 기본 소스의 덮밥과 균형을 이룬다.
- 타닌이 낮거나 적당한 와인이 약간 달고 짠 음식과 어울린다.
- 충분한 산미가 있어야 지방을 중화시킬 수 있다.

와인 선택
- 높은 감칠맛을 포용할 수 있는 약간 오래된 미디엄 바디 레드
- 요리의 향미를 견딜 수 있는 뚜렷한 과일향의 미디엄 또는 풀 바디 화이트

추천 와인
- **보완**: 싱싱한 과일향 부르고뉴 화이트 또는 레드; 신세계 피노 누아; 미디엄 바디 그르나슈Grenache 기본 레드; 보르도 크뤼 클라세 화이트; 서늘한 기후, 신세계 샤르도네; 풀 바디 샴페인
- **동반**: 보졸레 크뤼; 타닌이 낮거나 중간 정도의 북부 이탈리아 레드; 단순한 미디엄 바디 메를로; 드라이 로제; 트렌티노Trentino 또는 알토 아디제Alto Adige의 잘 익은 화이트

피할 와인
- 세련되고 섬세한 와인은 음식의 진한 향미에 압도된다.
- 고품질의 정교한 와인은 간단한 한 그릇 식사와는 어울리지 않는다.

구이와 꼬치구이(야끼도리)
GRILLED AND SKEWERED DISHES, YAKITORI

특성
- 간장 소스의 짠맛과 약간 단맛이 나는 양념으로 향미가 풍부하다.
- 야채와 간, 내장 등 재료가 다양하다.
- 간장 기본 양념으로 감칠맛의 강도가 높다.
- 재료에 따라 지방량은 적거나 많다.

와인 팁

고려사항
- 닭 꼬치구이는 향미가 강하기 때문에 미디엄이나 풀 바디 레드가 어울린다.
- 음식의 활달한 풍미와 동반하려면 강한 과일향과 단단한 산미가 있는 와인이라야 한다.

와인 선택
- 과일향이 진하고 산미가 강하며 타닌은 부드러운 와인
- 야채와 해산물 꼬치에는 화이트와인이 좋다.

추천 와인
- **보완**: 숙성된 꼬뜨 로티Côte-Rôtie 또는 에르미타주Hermitage; 숙성된 신세계 서늘한 지역 쉬라즈; 현대적 바르바레스코Barbaresco; 남부 론 화이트; 숙성된 보르도; 리오하 그랑 리제르바; 풀 바디 샤르도네
- **동반**: 현대적 키안티Chianti; 발폴리첼라Valpolicella; 알리아니코Aglianico 또는 프리미티보Primitivo 등 남부 이탈리아 레드; 남 프랑스 그르나슈 기본 블렌드; 드라이 로제

피할 와인
- 음식의 활달한 향미에 눌리는 라이트 바디 와인 또는 중성적 와인
- 짠 양념과 부딪치는 타닌이 강한 레드

6

도쿄

대표 음식

닭 꼬치구이Chicken skin,
heart or gizzard yakitori
버섯 꼬치구이Mushroom yakitori
생선 구이Grilled fish (위)
파 꼬치구이Spring onion yakitori
아스파라가스 꼬치구이
Asparagus yakitory

대표 음식

냄비요리
One-pot soup dish
샤브샤브Thinly sliced beef in hot pot
with sour ponzu dip
스키야키Thin beef with vegetable hot pot
with raw egg dip (아래)
미소 라면Miso noodle soup
양, 곱창 전골
Offal steam boat

냄비 요리와 국수
NABE AND NOODLE SOUPS

특성
- 재료와 향미, 강도, 질감이 다양하다.
- 가벼운 재료에 얇게 썬 육류를 넣기도 한다.
- 가볍고 은은한 국물에서 진한 풍미까지 다양하다.
- 소스는 생계란, 각종 식초, 간장 기본 소스 등 다양하다.
- 감칠맛은 높다.
- 온도도 높다.

와인 팁

고려 사항
- 음식의 재료와 향미가 다양하므로 와인의 다양성이 매우 중요하다.
- 소스나 국물이 진한 풍미일 때는 과일향과 단단한 산미가 있는 와인이 좋다.
- 냄비 요리는 항상 뜨거우므로 와인을 더욱 차게 식혀야 한다.

와인 선택
- 과일향의 강도가 높고 산미가 단단한 미디엄이나 풀 바디의 다양성 있는 레드가 어울린다.
- 아로마가 살아있는 풀 바디 와인이 잘 어울린다. 고수와 파 등 허브향을 반영하며 음식의 무게에도 공명한다.
- 다양성이 있는 로제나 스파클링 와인은 좋은 선택이다.

추천 와인
- **보완**: 꼬뜨 드 론Côtes du Rhône 빌라주 또는 샤또네프 뒤 파프 등 남부 론 레드; 신세계, 아주 서늘한 기후의 시라 또는 메를로; 센트럴 오타고 피노 누아; 캘리포니아 퓌메 블랑Fumé Blanc; 알자스 풀 바디 화이트; 영 꽁드리외Condrieu, 샴페인
- **동반**: 프랑스 뱅 드 페이Vin de Pays 시라 또는 메를로; 신세계, 과일향 피노 누아; 꼬뜨 드 프로방스Côtes de Provence 로제; 프로세코 Prosecco, 젝트Sekt, 크레망Cremant 등 스파클링 와인; 잘 익은 소비뇽 블랑

피할 와인
- 음식의 높은 온도와 짜고 스파이시한 소스는 와인의 타닌과 오크 향을 더 과장시킨다.
- 연약하고 섬세한 와인 또는 아주 오래된 와인은 뜨거운 온도와 다양한 향의 강도에 쉽게 꺾인다.

일본식 음식과 어울리는 지니의 5대 추천 와인
Jeannie's Top 5 for Japanese Cusine

1

그랑 크뤼 부르고뉴 레드
- Musigny Grand Cru, Domaine Comte de Vogüé, Burgundy, 프랑스
- Clos de la Roche Grand Cru, Domaine Dujac, Burgundy, 프랑스
- Le Chambertin, Domaine Bernard Dugat-Py, Burgundy, 프랑스

2

그랑 크뤼 부르고뉴
- Chablis Grand Cru Les Clos, Domaine Raveneau, Burgundy, 프랑스
- Chevalier-Montrachet Grand Cru, Pierre-Yves Colin-Morey, Burgundy, 프랑스
- Chevalier-Montrachet Grand Cru, Domaine Michel Niellon, Burgundy, 프랑스

3

루아르 화이트
- Vouvray Sec, Le Haut-Lieu, Domaine Huet, Loire, 프랑스
- La Coulée de Serrant, Nicholas Joly Loire, 프랑스
- Saumur Brézé, Clos Rougeard, Loire, 프랑스

4

신세계 화이트
- Prestige White, Vergelegen, Stellenbosch, 남아공
- Sauvignon Blanc Wairau Reserve, Saint Clair, Marborough, 뉴질랜드
- Chardonnay Hudson Vineyard, Ramey, Russian River Valley, California, 미국

5

빈티지 샴페인
- 1996 Blanc de Blancs, Salon, Champagne, 프랑스
- 1998 Blanc de Blancs Comtés de Champagne, Taittinger, Champagne, 프랑스
- 1990 Cristal, Louis Roederer, Champagne, 프랑스

"어디를 가든지 너의 온 마음을 갖고 가라."

공자

서울

Chapter 7

서울

소개

인구 1036만*
음식 한식
대표 음식 갈비, 불고기, 비빔밥, 삼계탕, 김치
와인 문화 와인 바와 상점, 레스토랑, 와인 스쿨 등이 늘어나며 와인 문화가 급성장하고 있다.
수입세 수입국에 따라 33~55퍼센트 정도

문화적 배경

서울은 대도시이지만 뚜렷한 특징이 없어 보이기도 한다. 몇몇 눈에 띄는 건물 외에는 스카이라인도 평범하며, 겉보기에는 다른 세계적 큰 도시와 별다르지 않다. 그러나 내면에는 1988년 올림픽을 주최한 나라로서 활기찬 생명력과 역동성이 가득 차 있다.

한국은 강대국 사이에서 압박을 받으며, 때로는 착취당하고 정복당하기도 하는 갈등의 역사로 이어져 왔다. 한국인이 처음 정착한 것은 3만여 년 전으로 추정되지만, 역사적 기록은 4천여 년 전 단군 신화로 거슬러 올라간다. 한반도는 북쪽으로 중국과 러시아와 접하고 동쪽은 일본과 가까운 전략적인 요충지이다. 평화 시기에는 중국과 일본의 가교 역할을 했으며, 때로는 중국과 제휴하여 한반도

를 지배하려는 일본의 야욕을 봉쇄해야 했다. 7세기부터 신라가 통일 왕국을 이루었으며, 14세기 말에 조선 왕조는 서울을 공식적인 수도로 정하였다. 5백여 년간 지속된 조선 왕조는 정치적 갈등이 이어졌지만, 고전 문학이나 한글 창제, 유교적 윤리 등 지적, 문화적 초석이 마련된 시대였다. 유교는 2세기 중국 한 왕조Han dynasty 시대부터 국가적 통치 윤리였으며, 지금도 계급주의와 교육, 조상 숭배를 중시하는 사회의 근간이 되어 있다.

1910년 조선은 일본에 강점되었으며, 그 후 36년간 굴욕적인 식민 통치를 겪었다. 모든 학교에서 일본어만 가르치고 이름도 일본식으로 바꾸게 했다. 한국을 일본화하려는 노력이 심해질수록 한국인들은 더욱 더 문화와 전통을 지키

앞 페이지: 경복궁의 가을 단풍
위쪽: 전통 북 춤   오른쪽: 명동 노점
* 2015년 서울시 통계자료 인용

려는 의지가 강해졌다. 바로 이 시기에 한글의 한(恨)이라는 단어가 현대적으로 각인되었다. 한은 한국인의 깊은 내면에 쌓여있는 불의와 무력함에 대한 슬픔과 한탄이며, 아직도 많은 한국인의 마음에 내재하고 있다.

1945년 일본이 항복한 후 한국은 다시 초강대국인 미국과 소련의 전쟁터가 되었다. 작은 나라 안에서 국내적인 갈등과 함께 결국 1953년 한국 전쟁 휴전 후 휴전선을 기준으로 남북이 양분되었다.

북한이 공산주의를 수용하고 주체사상self-reliance을 신봉하는 반면, 대한민국은 자본주의를 모델로 삼고 경제 발전에 전념했다. 1953년 한국 전쟁 후 정치적 분쟁으로 경제 발전이 더뎠으나, 1960년에 시작된 박정희 장군의 군사 통치는 경제 발전의 기틀을 마련했다. 독재 정치는 긍정적 측면과 부정적 측면을 모두 보여주었다. 정치적으로는 반대 의견을 수용하지 않는 경직된 체제를 만들었고, 경제적으로는 기업가 정신이 고취되고 정부와 강한 연계로 국제적으로 인정받는 도약을 이루게 되었다.

이후 전두환 정권 시기에 민주화에 대한 국민의 강한 욕구와 시위로 자유선거 체재가 채택되었다. 1987년에 노태우가 첫 민선 대통령으로 당선되었으며, 1992년에는 김영삼 대통령이 정권을 잡으면서 문민 정부가 탄생하게 되었다.

짧은 시간의 노력과 업적에 비해 한국의 정치적, 경제적 발전은 괄목할 만하다. 이런 놀랄 만한 성장의 배후로 재벌의 역할이나 정부 정책, 그리고 타이밍 등을 꼽는다. 그러나 그보다 더 중요한 점은 한국인의 강한 애국심과 역경을 헤쳐 나가는 불굴의 생존의지이다. 이런 정신은 유교사상과 합하여 한국의 사회적, 문화적 바탕을 이룬다.

오늘날 서울은 역동적 성장의 중심에 있으며 대한민국 인구의 1/5이 서울에 살고 있다. 위험한 휴전선과 너무 가깝다는 정치적 현실이 엄연히 존재함에도 불구하고, 대부분 서울 시민은 이를 현실로 받아들이며 살아가고 있다. 세대가 내려 갈수록 삶의 질은 빠르게 향상되고 있으며 바로 이곳, 현재에 충실하자는 인생관에 초점을 맞추며 살아가고 있다.

음식과 식문화

한국 음식은 바로 국민성을 반영한다. 계급적이라 할 수 있는 사회 구조 속에서도 한국인은 대담하며 넉살이 좋고 설득력이 있다. 때로는 강압적이기도 하고 열정적이다. 음식도 이런 국민성을 닮아 맵고 짜며 강하다. 뒷맛이 오래가며 아주 특이하고 무엇보다 중독성이 있다. 대부분 한국인은 외국 여행을 할 때 일 주일 이상 한국 음식을 먹지 못하면 금단 현상을 겪는다. 작은 튜브에 든 고추장이나 일회용 김치, 컵 라면 등을 가방에서 꺼내거나, 아니면 리조또나 밥과 비슷한 음식을 파는 레스토랑을 찾아 헤맨다. 한국 음식을 먹고 자라면 한국식 위장으로 길들여져 규칙적으로 자주 한국 음식을 보충해 주어야 하는 것 같다.

한국 음식은 왜 그렇게 중독성이 있을까? 우선 음식이 다양하고 향미의 범위가 넓다. 평범한 중산층 가정의 일상적인 밥상에도 쌀밥과 함께 적어도 5가지 이상의 반찬이 따라 나온다. 신선한 야채나 야채 절임, 나물, 찌개, 생선 등이 나오고 또 국이 함께 나온다. 보통 가정식에서는 육류의 양이 많지는 않지만 요즘은 경제 성장과 함께 부쩍 늘어나는 추세다. 향미는 가벼운 간장과 파, 참기름의 향미부터 짜고 얼얼하게 절인 젓갈, 불같이 매운 김치까지 다양하다.

한국 음식의 중독성은 여러 종류의 절이거나 발효시킨 음식의 뚜렷한 냄새 때문일 수도 있다. 쓴맛이 나는 채소나 허브도 먹으며 마늘이나 고추를 넉넉하게 사용하여 강한 향이 난다. 고추는

위쪽: 뜨거운 돌솥 비빔밥

고추장으로도 만들고 가루로 내든지 또는 생 고추를 썰어서 사용한다. 된장은 국이나 소스의 기본이 되며 수천 종이 있다고 할 수 있다. 옛날에는 집집마다 된장과 간장을 담가 먹었으며 장독대의 장맛으로 주부의 요리 솜씨가 평가되었다. 지역에 따라서 각기 다른 고유의 맛이 있으며 향미는 일본 된장보다는 훨씬 강하고 대담하다.

또 하나 중독적인 이유는 건강식이면서도 만족감을 주기 때문이다. 중국의 식문화와 마찬가지로 한국에서도 음식과 음료는 건강을 회복시키고 몸의 균형을 유지시킨다고 믿는다. 음식은 배고픔이나 미감을 충족시켜 주기도 하지만 무엇보다 건강을 증진시키는 식품으로 생각한다.

계절에 따라 식사의 일부로 영양가 있는 찌개나 국이 늘 따라 나온다. 예를 들어 미역국은 산후 회복을 도와주므로 최소 산후 한 달 간은 식사 때마다 매일 세 번씩 먹어야 한다고 생각한다. 한국 음식은 기름은 소량만 사용한다. 대담한 향미는 조리 과정에서보다 주로 식재료에서 온다고 볼 수 있다. 따라서 한국 음식은 입과 위에서도 만족을 느끼며 식사 후에도 무겁게 느껴지지 않는다.

남한의 국토는 20퍼센트만 평야이며 나머지는 계곡과 언덕, 산으로 이루어져 있다. 맑은 날에는 반도의 어디에서나 산꼭대기를 볼 수 있다. 산과 언덕에서 각종 야생 허브와 채소를 채취할 수 있으며 간단히 절여서 바로 먹을 수도 있다. 버섯이나 뿌리채소, 두부도 한국 음식의 일반적 식재료이다. 해안을 따라 오징어나 새우, 조개 등 해산물이 풍부하며 날것으로 먹든지 절이거나, 굽거나, 말리는 등 조리법도 다양하다. 찌개로 끓이든지 진한 국물을 내기도 한다.

쌀밥은 식사의 기본이며 그 외 대부분의 반찬은 채소로 이루

어진다. 그중 비빔밥은 6~8가지 야채를 따로 볶아(나물) 밥 위에 다채롭게 장식하고 달걀을 프라이하여 위에 올린 후 고추장과 참기름을 넣고 비벼 먹는다. 생야채 쌈은 신선한 상추나 배추에 밥과 고기 등을 넣고 싸서 한입에 먹는다. 된장을 기본으로 만든 쌈장이 풍미를 돋운다.

궁중 요리는 조선 왕조의 궁중 음모와 주방 모습을 재현한 방송 드라마 '대장금'으로 더 잘 알려지게 되었다. 궁중 요리 중에 신선로elaborate hot pot나 구절판nine-sectioned crepe rolls과 같은 몇 가지 요리는 지금도 레스토랑의 메뉴에 올라있고 가정에서도 특별한 날에 준비하는 요리이다. 그러나 그 외의 대부분 한국 음식은 그다지 비싸지 않은 일상 음식들이다. 대부분의 한국인은 공들여 준비하는 요리보다 김밥stuffed rice rolled in sea weed이나 떡볶이spicy rice cakes 등 간단한 음식을 즐긴다.

한국의 식문화도 다른 아시아 이웃들과 비슷한 점이 많다. 밥이 기본이며 음식은 큰 그릇에 담아 나누어 먹는다. 함께 식사를 하면 사회적으로나 사업상으로도 좋은 인간관계가 만들어진다고 생각한다. 전통적으로는 가장 좋은 음식을 골라 먼저 남자와 노인의 밥상을 차렸고 부녀자들과 아이들은 나중에 따로 식사를 하였다. 이런 오래된 관습은 지금은 거의 없어졌지만 아직도 사회에 그 잔재가 남아있기도 하다. 그 예로 사교적 모임에서도 남녀나 부부가 함께 하기보다는 남자와 여자가 따로 모임을 하는 경우가 많다.

한국 식탁은 반찬의 다양성이나 푸짐함에서 다른 이웃나라들과 비교가 되지 않는다. 프랑스 식탁에 빵이 따라 나오는 것처럼 김치는 적어도 한 가지 이상 꼭 포함된다. 대부분의 한식당에서는 반찬을 더 주문할 수 있고 추가된 반찬은 음식 값에 포함되지 않는다. 뜨거운 탕이나 냄비 요리, 국수 등이 가끔 주 요리가 되

기도 하지만, 전형적 식사는 밥과 여러 가지 작은 그릇에 담긴 반찬들로 구성된다. 또 하나 한국 식탁이 다른 아시아 국가와 다른 점은 밥공기를 따로 사용하고 금속으로 만든 젓가락과 납작한 숟가락을 기본으로 사용하는 것이다.

한국인들은 개인적으로 좋아하는 음식에 대해서는 미묘한 질적 차이도 예리하게 찾아내는 미각을 가지고 있다. 따라서 대부분 레스토랑과 일반 음식점들은 특별한 음식으로 승부하며 메뉴가 몇 개 되지 않는다. 예를 들면 장충동 족발 거리는 돼지 족발 전문 식당이 늘어서 있다. 이름난 음식점은 교통이 불편한 곳에 위치해도 찾아가며 줄을 서서 기다린다. 그러나 외국인들을 위한 영어 표기가 없어 토속 진미를 맛보려면 현지인의 안내가 꼭 필요하다.

적당한 가격대의 식당도 전국에 산재해 있다. 외식이 국민적 취미로 자리를 잡으면서 집 주변 어디에서나 특별한 음식점을 찾을 수 있다. 동네 시장 거리 노점상이나 특히 동대문시장의 거리 가판대에서 맛깔진 토속 음식을 맛볼 수 있다. 쇼핑 지역인 명동이나 인사동 근처, 삼청동에는 재미있고 개성이 넘치는 식당들이 많다. 멋진 식사를 위해서는 한국인들은 한강 남쪽 강남의 압구정동이나 청담동으로 간다.

한국 음식점 외에는 중식과 일식이 인기가 높다. 그러나 중국과 일본 음식은 모두 한국인의 입맛에 맞게 변화하여 전통적인 중식이나 일식을 기대하지 않는 것이 좋다. 김치가 중식당에서도 나오며 일식당에서는 간장과 와사비 소스와 함께 초고추장이 나온다. 1990년대 이전에는 서양식 레스토랑이 많지 않았으나 지금은 숫자도 늘어나고 고급스럽다. 시내 곳곳에 멋진 프랑스나 이탈리아 레스토랑이 있지만 가격이 너무 비싸 실망스러울 때가 있다.

요리

한국 음식의 지역적 차이는 반도가 8개의 도로 나누어진 조선 시대까지 거슬러 올라간다. 수백 년 동안 행정 구역도 다르며 환경도 다른 각 지역은, 음식도 독특하게 발전해 왔다. 현재 북한에 속한 북부 지역의 음식은 남부 지역보다 덜 짜며 맵지 않다. 반도의 북부는 산이 많으며 육류나 생선보다는 산채와 약초, 말린 생선 등이 흔하다. 남부 지역은 기후가 온화하며 산악 지역이 적고 해안을 따라 신선한 해산물이 많이 난다. 북쪽보다는 음식이 짜고 맵다.

서울은 반도의 중심에 위치하며 조선 시대부터 수도였다. 이 시대에는 전국 최고의 식재료들이 궁중 음식을 위해 서울에 집결했다. 지금은 교통이 빠르고 편리하여 서울 사람들은 더 쉽게 전국 각지에서 수송되는 계절에 맞는 신선한 먹거리를 구할 수 있다. 한국의 중심 도시인 서울에는 북부 평양식에서 남부 전라도식, 경상도식까지 다양한 지역 음식점들이 널려 있다.

한국 음식은 지역마다 차이는 있지만 주요 양념과 야채, 생선, 육류, 식품을 보존하는 방법은 거의 동일하다. 양념의 기본은 소금과 간장, 된장, 고추장, 식초이며 보편적인 향미는 주로 마늘과 생강, 간장의 조합으로 이루어진다. 된장과 고추장은 많은 양이 필요하므로 전통적 가정에서는 큰 항아리에 직접 담가 발효시키고 뒷마당의 장독에 보관하였다. 몇 년씩 묵혀서 깊은 맛을 내기도 한다.

위쪽: 김치

음식의 향미를 더하기 위해 깨나 참기름도 사용한다. 가볍게 데쳐 무친 시금치 나물에 깨와 참기름을 살짝 쳐서 고소한 맛을 낸다. 향미를 내는 재료로 파나 마늘, 후추, 고춧가루 등도 첨가한다. 한국 음식은 대개 단맛을 느낄 수 없다. 음식이 너무 시거나 맵고 짤 경우에 맛을 부드럽게 하기 위해 설탕을 약간 넣는 정도이다.

기본 양념이나 조미료는 몇 가지 되지 않고 단순하게 보이지만 그 변수는 셀 수도 없이 많다. 예를 들면 시중에 파는 된장만 해도 20여 종이 넘고 은은한 맛, 강한 맛, 자극적인 맛 등 모두 다르다. 집에서 담그면 맛이 또 집집마다 달라진다. 한국 된장은 짜고 강한 향미이지만 발효 기간이 길기 때문에 은은한 감칠맛이 배어 있다. 간장과 고추장의 맛도 각기 다르고 종류 역시 너무 많다.

한국 음식의 또 다른 특징은 절이거나 보존한 음식의 향미이다. 물론 여러 가지 김치의 종류가 절인 야채의 주종을 이룬다. 김치는 배추를 소금에 절여 고춧가루와 파, 마늘, 생강, 젓갈(선택) 등을 버무려 넣고 서늘한 온도에서 서서히 발효시킨다. 무radishes나 순무turnips, 갓 등 다른 야채들도 비슷한 방법으로 발효시키며 모두 김치라고 부른다. 발효시키지 않은 김치 종류로는 오이김치와 나박김치, 물김치, 파김치, 겉절이, 열무김치 등이 있다. 장아찌는 야채를 약간 건조시켜 소금 간을 한 후 간장이나 고추장, 된장에 절인다.

해산물도 소금을 치고 오래 절여 밥 반찬으로도 먹고 소스나 양념으로도 사용한다. 젓갈은 오징어나 굴, 잔 새우, 조개, 생선 내장 등을 소금에 절여 오래 동안 발효시킨다. 얼얼하며 짠맛은 음식에 생동감을 주고 입맛을 돋운다. 다음으로 일반적인 보존 방법은 소금 간을 하거나 말리는 방법이다. 조기나 명태 등 생선은 시원한 곳에서 말려 오래 보존하며 구이나 탕으로 조리하여 상에 올린다. 조기를 말린 굴비나 명태를 말린 북어는 전통적인 한국 식탁에 빠질 수 없는 귀한 음식이었으며, 지금도 여전히 인기 있는 식품이다. 오징어나 조개 등도 소금 간을 하여 말리며 간식으로도 먹는다.

국은 한국 식사에서 매우 중요한 부분을 차지한다. 진하고 강한 된장국부터 매운 해물탕, 마른 멸치를 우려낸 가벼운 국물까지 여러 종류가 있다. 한국에는 허약한 몸을 보강할 수 있는 보양식이 많다. 삼계탕chicken ginseng soup이나 추어탕mudfish soup 같은 국 종류는 보편적이며, 특히 삼계탕은 더운 여름철에 열에 뺏긴 미네랄을 보충하고 건강을 증진시킨다고 한다. 이와 같은 음식은 병을 치료하고자 하는 의료 목적도 있지만 기를 보충하고 병을 예방하는 차원에서 더 자주 먹는다.

한국식 메뉴에는 디저트의 개념이 거의 없다고 할 수 있다. 식후에 꼭 달콤한 디저트를 먹는 서양식 습관과는 전혀 다르다. 식후에 과일이 몇 조각 나오는 정도이며, 때로는 식혜나 수정과가 떡이나 한과와 같이 나온다. 명절이나 특별한 날에는 쌀가루로 빚어 만드는 여러 가지 떡을 준비한다. 다채로운 색깔로도 만들며 팥이나 콩, 깨 등으로 달콤하게 만든 소도 넣는다.

한국인은 일 년 동안 일인 당 30~80파운드(14~36킬로그램)의 김치를 먹는다. 김치의 종류도 전통적 배추김치부터 다른 야채로 만든 김치, 피클까지 수백 종이다. 한국 정부가 내놓은 자료가 정확하다면 김치는 건강을 돕는 기적과 같은 음식이다. 영양가도 많고 면역 체계를 강화시키며 위암을 예방하고 혈중 콜레스테롤 수치도 낮추어 준다고 한다. 노화 현상도 지연시키며 식욕은 돋우어 주고, 체중은 줄이는 효과가 있고, 수명을 연장하며 질병을 예방한다고 한다.

음료와 와인 문화

한국에서 가장 많이 마시는 음료는 물이며 그 다음이 차다. 차 문화는 2천여 년 동안 소수의 엘리트(다인)들이 즐겨왔으며 다례의 첫 기록은 AD 661년으로 거슬러 올라간다. 당시에는 왕족이나 귀족, 고관대작, 승려, 문인, 학자들이 주로 차를 즐겼다. 조선 시대에 와서는 더 대중화되었다.

요즘은 차 외에도 다른 뜨거운 음료를 마시며 한국 고유의 차 종류도 많다. 보리차는 보리를 볶아 끓인 차로 카페인이 없으며 전통적으로 한국 음식점에서 물 대신 내놓는 기본 음료였다. 인삼차는 인삼을 끓여 꿀과 섞어 마시고 생강차는 생강을 달인 것으로 건강 증진에 좋다고 생각한다. 오미자나 구기자 등의 열매로 만든 차도 한방에서 허한 몸을 다스린다고 한다.

홍차나 중국 우롱차oolong는 대중화되지는 않았다. 향이 좋은 일본 녹차는 예전에는 일식당에서만 마실 수 있었지만, 지금은 한국도 차 재배가 늘어나고 국산 녹차가 보편화되고 있다. 차도 건강을 위한 음료로 생각하며 건강 음료 산업 역시 큰 시장을 차지하고 있다. 약국이나 슈퍼마켓 진열대에는 놀랄 만큼 많은 허브 음료나 비타민, 일반 건강 음료 등이 쌓여 있다. 인삼, 알로에 베라, 박카스 D, 카페인이 없는 비타 500 등 다양한 종류가 있다.

알코올 음료는 다른 음료와는 달리 건강 증진과는 무관한 것으로 여겨지며 전통적인 의식과 의례에 중요한 역할을 해왔다. 알코올 음료는 2천여 년 전부터 마셔왔으며 대부분은 쌀이나 곡류를 기본으로 빚었다. 알코올 음료는 순도와 알코올 도수, 증류와 발효 과정, 주요 재료에 따라 구분한다. 소주는 가장 많이 소비되는 증류주로 알코올 도수가 20퍼센트 정도이며 매우 대중적이다. 막걸리는 알코올 도수가 낮은 발효주로 색깔이 뿌연 탁주이며 값이 싸다. 한때는 농부나 노동자들이 즐기는 술이었으나 최근에는 볶은 쌀의 구수한 향과 이스트 향이 배인 현대판 막걸리가 젊은 세대의 유행 음료로 등장했다.

한국 사람들은 사업이나 개인적인 친교를 위해 술이 매우 중요하다고 생각한다. 사업상 거래도 대부분 회식 자리에서 술을 같이 마시면서 이루어지는 경우가 많은 편이다. 외국인들은 한국인이 마시는 술의 양과 잦은 술자리에 놀란다. 일인당 주류 소비

한국 음식과 와인 대조표

음식의 향미		와인의 성격		음식의 미감	
• 짠맛	●●●●●	• 당도	드라이	• 무게/풍부함	●●●○○
• 단맛	●○○○○	• 산도	●●●●○	• 기름기	●○○○○
• 쓴맛	●●●●◐	• 타닌	●●●●○	• 질감	●●●●○
• 신맛	●●●○○	• 바디	●●●●○	• 온도	●●●●○
• 스파이스	●●●●●	• 향미의 강도	●●●●◐		
• 감칠맛	●●●●○	• 피니시	●●●○○		
• 향미의 강도	●●●●◐			낮음 ●●●●● 높음	

오른쪽: 소주

량은 세계 최고이며 수입이 늘어나면서 꼬냑이나 위스키, 와인 등 고급 술의 수요도 늘어나고 있다.

수입되는 외국의 주류는 부자들이 마시는 사치성 음료로 간주되어 항상 높은 세금이 부과되고 있다. 맥주도 한 때는 고급 주류로 분류되었던 시절이 있었다. 그러나 곧 위스키와 꼬냑이 그 자리를 대신하고 지금은 와인이 고급 음료로 치부되고 있다. 한국에서 와인이 널리 알려진 것은 최근이지만 실제로 와인 시장이 형성된 것은 1970년대이다. 국내 주류 그룹 해태는 1974년에 노블와인Noble Wine을 출시했고 1977년에는 두산 그룹이 마주앙Majuang을 내놓았다. 1988년 올림픽을 계기로 와인 수입이 허용되었으며, 요즘은 수입 와인이 대세를 이룬다.

지난 10여 년 동안 한국의 와인 시장은 크게 변화했다. 인구가 밀집한 서울에는 술집이 넘친다. 주로 소주나 맥주, 정종(Korean sake), 막걸리, 동동주 등 국산 음료를 마시지만 와인 바도 점점 늘어나고 있다. 5백여 종의 와인을 구비한 까사 델 비노Casa del Vino와 같이 멋진 바도 있고, 베레종Veraison 같은 와인 애호가를 위한 전문적인 바도 있다. 대부분의 레스토랑에서는 와인을 구비하고 있으며 옛날에는 호텔에만 있던 고급 양식 레스토랑도 곳곳에 생겨 와인 매출에 일조를 하고 있다. 슈퍼마켓이나 백화점에도 와인 매장이 따로 있으며 작은 소매상들은 와인을 차별화하고 전문화하여 애호가들을 끌어들인다. 와인 시장은 건강하고 현대적인 라이프 스타일로 인식되어 앞으로 훨씬 더 성장하리라는 데 의심의 여지가 없다.

와인을 배우려는 애호가들을 위해 〈와인 리뷰Wine Review〉나 〈와이니즈Winies〉 등 월간 잡지가 발행되고 한국 와인 아카데미, WSET 등 교육 기관도 늘어났다. 싸이월드Cyworld나 네이버Naver, 다음Daum 등 인터넷 포털은 똑똑한 소비자들을 위한 창구이다. 넘쳐나는 와인에 대한 정보가 와인 애호가들이 와인의 향미를 즐기는데 어려운 걸림돌이 되기보다는 새로운 지식으로 와인과 더 친해질 수 있는 계기가 되기를 기대해 본다.

와인과 한국 음식

한국 음식의 향미는 대부분 대담하고 스파이시하기 때문에 사실 와인과 매칭하기가 어렵다. 이런 강한 향미에 어울리는 와인은 과일향은 대담한 반면 타닌은 잘 익고 모가 나지 않아야 한다. 한국의 발효 음식은 특이한 풍미가 있고 감칠맛의 정도도 높기 때문에 원만한 중간 무게의 질감을 지닌 부드러운 와인이 잘 어울린다. 일반적으로 타닌이 강한 타나Tannat나 쁘띠 베르도Petit Verdot와 같은 와인은 음식의 매운맛과 짠맛이 와인의 과일향을 빼앗고 타닌 맛을 더 과장되게 한다. 그러나 충분히 숙성이 되면 타닌이 강한 바롤로Barolo라도 음식의 매운맛과 스파이스가 적절한 경우 잘 어울릴 수 있다.

여러 가지 향미가 섞여 있는 전형적인 한국 식사에는 시원한 산미가 있는 다양성을 갖춘 와인이 좋다. 상큼한 산미가 있는 와인은 음식의 스파이스 향을 씻어낼 수 있다. 식재료의 질감도 각기 다르기 때문에 소비뇽 블랑이나 서늘한 지역의 과일향 피노 누아와 같은 다양성을 지닌 와인이 어울린다. 약간 차게 식힌 뉴질랜드 피노 누아나 론 밸리Rhône Valley 로제, 파삭한 스페인 루에다Rueda의 베르데호Verdejo 화이트는 대개 어떤 식사에 내놓아도 믿을 만하다.

스위트 와인이나 아로마가 강한 뮈스카Muscat, 또는 게뷔르츠트라미너Gewürztraminer 같은 개성이 뚜렷한 와인은 단맛이 없고 향미가 순한 한국 음식과는 그다지 어울리지 않는다. 한국 음식은 단맛이 두드러지지 않으며 단맛을 더하면 음식 본래의 맛이 바뀔 수 있다. 강한 아로마 와인은 얼얼하고 곰삭은 풍미 있는 음식에 이질적인 단맛과 과일향을 더한다. 오래 저장되고 발효된 음식에는 강한 과일향이나 꽃 향기는 방해가 된다. 와인은 음식의 향미와 아로마를 변화시키기보다는 보완할 때 그 진가를 발휘한다.

아시아의 다른 나라들도 마찬가지이지만 한국도 와인을 식사 중에만 마시지는 않는다. 소주나 맥주는 식사와 같이 마시기도 하지만 식사와는 따로 안주만 곁들여 마실 때가 많다. 술자리는 1차, 2차, 3차로 계속 되기도 하며 대부분의 사교적 식사는 2차까지 이어진다. 와인도 식사 중에 즐기기보다 이런 관습에 따라 식후 와인 바에서 따로 한국식이나 서양식 안주와 함께 마시는 경우가 많다.

안주를 곁들여 와인을 마실 때에는 풀 바디의 강한 타닉 와인이 인기가 있다. 한국인들은 대개 인삼이나 약초 또는 여러 가지 뿌리채소의 쓴맛에 익숙하기 때문에 강한 타닌 맛에 거부감을 느끼지 않는다. 따라서 풀 바디의 강한 타닉 와인은 식사와는 적합하지 않지만 안주와는 잘 맞을 수 있다. 가장 자주 받는 질문은 식사와 와인 매칭이 아닌 안주와 와인 매칭이다. 토스카나 레드나 보르도 또는 샤블리를 마실 때 어떤 안주를 준비해야 하느냐를 더 궁금하게 여긴다. 다음 페이지에 와인을 식사와는 따로 마실 때 적합한 한국식과 서양식 안주를 소개한다.

 한국인은 손님에게 우정의 표시로 또 가까운 관계를 만드는 징표로 술을 권한다. 전통적으로는 작은 잔을 사용하고 가득 채워 한 모금에 삼킨다. 잔을 받으면 건배를 하고 같이 잔을 비운다. 나이가 적은 사람이 나이가 많은 사람의 잔에 술을 따르거나 아니면 주최자가 따르기도 한다. 저녁 회식 자리에서는 돌아가며 따르고 마시며, 나이 어린 사람은 두 손으로 잔을 받고 존경의 표시로 두 손으로 잔을 들어 마신다. 때로는 아주 큰 잔도 한 번에 마시는 경우가 있다. 그러나 와인을 마시고 감상하는 기회가 늘어나면서 와인은 이런 관습에서는 예외가 되었다.

오른쪽: 반찬

와인과 안주

레드와인

네비올로Nebbiolo
풍미와 감칠맛이 풍부한 육류 음식

안주
- 족발Steamed, sliced pork trotters
- 제육보쌈Steamed pork belly
- 돼지갈비Grilled pork ribs
- 육류 꼬치구이Skewered mixed meat

카베르네 소비뇽 Cabernet Sauvignon
육류 기본 음식. 스파이스가 강한 음식은 피한다.

- 육포grilled beef jerky
- 견과류Mixed nuts
- 갈비찜Stewed beef
- 불고기 샐러드Marinated beef salad
- 돼지고기/소고기 꼬치구이Pork or beef skewers
- 버섯과 고추 꼬치구이Mushroom and pepper skewers

시라/쉬라즈 Syrah/Shiraz
스파이시한 육류 기본 음식

- 양념 돼지 불고기Spicy barbecue pork
- 베이컨 샐러드Bacon salad
- 모듬 소시지Assorted sausages
- 고기 야채 군만두Pan-fried meat and vegetable dumplings
- 순대Stuffed intestines

메를로Merlot
약간 스파이시한 중간 무게의 음식

- 돈가스Pork cutlet
- 닭 꼬치구이Chicken skewers
- 불고기Marinated Korean beef barbecue
- 모듬 치즈Cheese platter
- 삼계탕Korean chicken stew

산조베제Sangiovese
육류, 버섯, 산채 등 중간 무게의 음식

- 버섯볶음Pan-fried wild mushrooms
- 멜론 프로슈토Parma ham with melon
- 경성 치즈Hard cheeses
- 산나물Marinated Korean style mountain vegetables
- 빵과 올리브Olives and bread

템프라니요Tempranillo
육류가 약간 들어간 음식. 적당히 스파이시한 중간 무게의 음식

- 고추전Pan-fried stuffed pepper
- 빈대떡Yellow mung bean pancakes
- 잡채Pan-fried vermicelli noodles
- 돼지고기 김치볶음Pork and kimchi stir fry

피노 누아Pinot Noir
약간 스파이시하며 진하거나 무겁지 않은 음식. 매우 다양성이 있다.

- 송이 버섯 구이Grilled Korean Matsutake mushrooms
- 해파리 냉채Jellyfish salad
- 오징어 튀김 또는 삶은 오징어와 초고추장Cuttlefish rings, fried or steamed with spicy chilli sauce
- 떡볶이Spicy rice cakes
- 오뎅국Fish cake in skewers and soup
- 생선 또는 야채 튀김Tempura or other fried seafood or vegetables
- 육회Spicy raw marinated beef

화이트와인

샤르도네Chardonnay
볶음이나 해산물, 야채 전과 잘 어울린다.

안주
- 두부전Stuffed pan-fried tofu
- 해물파전Seafood and spring onion pancake
- 호박전Pan-fried zucchini
- 전복 찜Steamed abalone
- 치즈Cheese sticks

소비뇽 블랑Sauvignon Blanc
여러 가지 음식과 잘 어울리며 다양성이 있다.

- 만두Steamed dumplings
- 야채 튀김Deep-fried vegetable fritters
- 도토리묵Spicy acorn jelly
- 낙지볶음Spicy, stir-fried octopus
- 굴전Fried oysters

리슬링Riesling
야채나 해산물 등 주로 가벼운 음식과 어울린다.

- 달걀 시금치 말이Egg and spinach rolls
- 스프링롤Fried spring rolls
- 두부찜steamed or stuffed bean curd
- 꼬막 찜Steamed clams
- 초밥Vinegar-marinated rice rolls

피노 그리조/그리Pinot Grigio/Gris
단순한 화이트로 스파이시한 음식이나 은은한 음식 등 두루 잘 어울린다.

- 멸치 고추 볶음Stir-fried anchovies with peppers
- 양념 오징어 구이Spicy barbecue squid
- 미역 튀김/부각Deep fried kelp
- 생선회와 초장Raw fish platter with spicy Korean chojang chilli sauce
- 오징어포 또는 어포Dried salty squid and fish

전과 볶음 요리
STIR-FRIED AND PAN-FRIED DISHES

특성
- 볶음은 간장 기본 양념으로 부드러운 짠맛이 있다.
- 여러 가지 재료를 사용하지만 특히 야채를 많이 사용한다.
- 일반적인 양념장은 간장에 고춧가루, 파를 섞어 만든다.
- 기름은 적당히 사용하며 진하거나 지방이 많지는 않다.
- 반찬을 곁들이며 김치처럼 매운 반찬도 나온다.

와인 팁

고려 사항
- 전 자체는 무게도 향미도 강하지 않아 과일향 미디엄 바디 레드 또는 화이트가 어울린다.
- 스파이시하며 진한 반찬이 같이 나오기 때문에 과일향이 강한 와인이 양념장과 반찬의 강한 향미에 맞설 수 있다.

와인 선택
- 좋은 과일향이 나는 미디엄 바디 레드와인; 산미는 단단하고 타닌은 적당해야 한다.
- 충분한 산미가 있는 미디엄이나 풀 바디 화이트와인이 기름기를 제어할 수 있다. 가벼운 오크 향도 어울린다.
- 로제나 전통적 방식 스파클링 와인도 산뜻한 선택이 된다.

추천 와인
- **보완:** 신세계 피노 누아; 숙성된 리오하Rioja 그랑 레제르바; 숙성된 크로즈 에르미타주Crozes-Hermitage 또는 생 죠제프St-Joseph; 잘 익은 뫼르소Meursault 또는 필리니 몽라셰Puligny-Montrachet; 보르도 크뤼 클라세 화이트; 샴페인
- **동반:** 남부 론Rhône 일상 와인; 과일향 영 발폴리첼라Valpolicella; 서늘한 지역 샤르도네; 파삭한 드라이 로제

피할 와인
- 음식의 향미에 눌릴 수 있는 섬세하거나 소박한 와인
- 타닉한 영 와인은 음식의 양념과 반찬의 짠맛과 대치한다.

대표 음식
빈대떡Yellow mung bean pancakes (위)
해물파전Seafood and spring onion pancake
잡채Stir-fried glass noodles with vegetables
고추전Meat-stuffed peppers
호박전Pan-fried zucchini
두부전Stuffed pan-fried tofu (아래)

매운 고추와 마늘 요리
SPYCY CHILLI GARLIC-BASED DISHED

특성

- 불같이 매운 고추와 마늘, 신랄한 향미 등 강한 풍미의 조합이다.
- 강한 짠맛과 매운 맛을 무마하기 위해 설탕을 약간 친다.
- 음식의 무게는 풍부하거나 무겁지 않으며 적당하다.
- 주재료가 돼지고기가 아니면 기름기는 낮거나 적당한 편이다.
- 볶음 요리는 일반적으로 참기름을 사용한다.
- 음식은 뜨겁게 서빙하거나 실내 온도 정도이다.

와인 팁

고려 사항

- 요리의 강도를 이기려면 강한 과일향을 지닌 와인이 좋다.
- 산미가 있는 와인을 더 차게 식히면 미각을 씻어주는 역할을 한다.
- 차게 식힌 로제와 스파클링 와인이 적합하다.

와인 선택

- 타닌이 적당한 과일향 라이트나 미디엄 바디 레드
- 파삭한 산미의 과일향 드라이 화이트
- 드라이 로제 또는 스파클링 와인

추천 와인

- **보완:** 숙성된 과일향 피노 누아; 잘 익은 그르나슈Grenache 블렌드; 적당한 타닌의 과일향 메를로; 신세계 오크 향 없는 샤르도네; 전통적 방식 스파클링 와인; 서늘한 지역 세미용 소비뇽 블랑 블렌드
- **동반:** 로제; 스파클링 쉬라즈; 보졸레 크뤼; 현대적 북부 이탈리아 과일향 레드 또는 화이트

피할 와인

- 충분한 산미와 신선함이 부족한 와인
- 섬세하고 정교한 고급 와인은 음식의 매운맛으로 길을 잃는다.
- 타닉한 레드는 짠맛과 부딪친다.

대표 음식

제육볶음
Chilli pork stir fry
돼지고기 김치 볶음
Pork and kimchi stir fry **(아래)**
김치Spicy fermented cabbage
낙지볶음Spicy stir-fried octopus
비빔국수Spicy cold noodles

7

대표 음식

갈비구이
Barbecue beef short ribs (아래)

닭가슴살 구이
Barbecue chicken breast

돼지 불고기
Spicy pork barbecue

육류 바비큐
BARBECUE MEATS

특성
- 간장 기본 소스에 마늘과 설탕. 참기름을 섞어 향미가 풍부하다.
- 고추장을 더하면 더 매워진다.
- 붉은 육류와 소갈비 등이 대중적이며 단백질 함량이 높다.
- 감칠맛은 적당하나 양념장에 따라 달라진다.
- 지방은 적당하거나 많은 편이다.

와인 팁

고려 사항
- 육류의 맛을 보완하기 위해서는 강한 과일향의 풀 바디 레드가 문제를 푸는 열쇠를 쥐고 있다.
- 화이트와인은 타닌이 부족하기 때문에 음식의 무게와 단백질을 지탱하지 못한다.

와인 선택
- 타닌이 단단한 과일향 풀 바디 레드
- 숙성된 풀 바디 레드는 타닌이 매끄러워 짠맛과 부딪치는 성격이 비교적 약하다.

추천 와인
- **보완:** 숙성된 론Rhône, 꼬뜨 로티Côte-Rôtie, 에르미타주Hermitage, 샤또네프 뒤 파프Châteauneuf-du-Pape; 보르도 우안; 숙성된 토스카나 레드, 브루넬로 디 몬탈치노Brunello di Montalcino 또는 IGT; 숙성된 신세계, 서늘한 기후 쉬라즈 또는 카베르네 블렌드
- **동반:** 잘 익은 꼬뜨 뒤 론 빌라주Côtes du Rhône village; 남부 이탈리아 레드, 알리아니코Aglianico 또는 프리미티보Primitivo; 남부 프랑스 그르나슈Grenache 블렌드; 호주 SGM(시라 그르나슈 무르베드르 Syrah-Grenache-Mourvedre 블렌드)

피할 와인
- 라이트 바디 또는 중성적인 와인은 음식의 강한 향미와 무게를 이기지 못한다.
- 화이트와인은 육류 요리에 필요한 타닌이 부족하다.

찌개
FLAVOURFUL STEWS

특성
- 짜고 냄새가 강한 된장과 얼얼한 매운 고추 등의 향미가 매우 강하다.
- 소금 양은 많다.
- 마늘을 듬뿍 넣는다.
- 기름이나 지방 양은 적다. 찌개는 짜고 향미는 강하지만 무겁거나 진하지는 않다.
- 밥과 같이 먹기 때문에 강한 향미가 희석된다.
- 찌개는 일반적으로 작은 뚝배기에 끓여내므로 잘 식지 않는다.

와인 팁

고려 사항
- 찌개의 강한 향미를 버티려면 강한 과일향 와인이 문제를 풀어준다.
- 찌개의 높은 온도와 강한 향미에 균형을 맞추려면 시원한 느낌을 주는 와인이 필요하다.
- 와인을 보통 온도 보다 더 식혀 서빙해야 한다.

와인 선택
- 신세계의 과일향 가득한 풀 바디 화이트와인
- 타닌이 적당한 잘 익은 신세계 과일향 미디엄 바디 레드

추천 와인
- **보완:** 신세계의 잘 익은 샤르도네 또는 소비뇽 블랑 세미용 블렌드; 신세계의 과일향 피노 누아 또는 메를로
- **동반:** 단순한 꼬뜨 뒤 론Côtes du Rhône; 보졸레 빌라주Beaujolais Village; 산뜻한 드라이 로제; 신세계 스파클링 와인

피할 와인
- 음식의 강한 향미에 길을 잃을 수 있는 섬세하고 내성적인 와인
- 오프 드라이off dry 또는 스위트 스타일 와인은 음식의 짠맛과 풍미를 방해한다.
- 타닌이 높은 레드는 음식의 짠맛과 부딪치고 음식의 매운 맛을 과장시킨다.

대표 음식

김치찌개
Kimchi stew

두부 된장찌개
Miso and bean curd stew

순두부찌개
Soft bean curd stew (위)

국
SOUP AS MAIN MEAL

특성
- 재료가 다양하고 향미와 강도, 질감이 모두 다르다.
- 아주 매운 맛부터 풍미 있는 육류, 생선 등 맛이 다양하다.
- 쓴 인삼과 야채, 육류, 해산물 등 재료는 광범위하다.
- 밥이 따라 나온다.
- 온도가 높다.
- 감칠맛도 높다.

와인 팁

고려 사항
- 와인은 어떤 스타일이라도 차게 식혀 서빙해야 한다.
- 시원한 느낌이 중요함으로 와인은 산도가 높아야한다.
- 매운 국물은 강한 과일향을 필요로 하고, 부드러운 국물은 풍미 있는 와인을 원한다.
- 높은 감칠맛은 숙성된 와인과 잘 어울린다.

와인 선택
- 향미가 강한 과일향 미디엄 바디 레드 또는 미디엄이나 풀 바디 화이트와인
- 병 숙성을 거친 와인이 감칠맛이 풍부한 미역국 등과 잘 맞는다.
- 로제 또는 스파클링 와인은 다양성이 있다.

와인 추천
- **보완:** 숙성된 꼬뜨 로티Côte-Rôtie 또는 에르미타주Hermitage; 숙성된 부르고뉴 레드; 신세계 피노 누아; 신세계 오크 향 샤르도네 또는 소비뇽 블랑
- **동반:** 꼬뜨 뒤 론 빌라주Côtes du Rhône Villages 또는 그르나슈Grenache 기본 과일향 레드; 전통적 방식 스파클링; 드라이 로제

피할 와인
- 연약하고 섬세하거나 너무 숙성된 와인은 음식의 높은 온도와 맵고 짠맛에 짓눌린다.

대표 음식
갈비탕
Beef rib soup
미역국 Seaweed soup (위)
삼계탕Chicken ginseng soup (아래)
꼬리곰탕Oxtail soup
생선 매운탕Spicy cod fish soup
육개장Spicy beef soup
해장국
Spicy beef bone soup

한국 음식과 어울리는 지니의 5대 추천 와인
Jeannie's Top 5 for Korean Cusine

1

구세계 메를로
- Château Petit-Village, Pomerol, Bordeaux, 프랑스
- Château Troplong Mondot, St. Emilion, Bordeaux, 프랑스
- Château Trotanoy, Pomerol, Bordeaux, 프랑스

2

숙성된 토스카나
- 1997 Brunello di Montalcino Castelgiocondo, Frescobaldi, Tuscany, 이탈리아
- 1996 Solengo Vino da Tavola, Argiano, Tuscany, 이탈리아
- 1995 Vigna del Sorbo Chianti Classico Riserva, Fontodi, Tuscany, 이탈리아

3

신세계 피노 누아
- Pinot Noir, J Rochioli, Russian River Valley, California, 미국
- Pinot Noir Reserve, Curlewis Winery, Geelong, Victoria, 호주
- Pinot Noir, Mt Difficulty, Central Otago, 뉴질랜드

4

신세계 샤르도네
- Chardonnay, Kistler Vineyards, Sonoma, California, 미국
- Chardonnay, Petaluma, Adelaide Hills, 남 호주
- Chardonnay, Marcassin Vineyard, Napa Valley, California, 미국

5

신세계 소비뇽 블랑-세미용
- Semillion Sauvignon Blanc LTC, Pierro, Margaret River, 서 호주
- Seta, Signorello Vineyards, Napa Valley, California, 미국
- Sauvignon Blanc Semillon, Voyager Estate, Margaret River, 서 호주

"과거에 머무르지도 미래를 꿈꾸지도 말며 지금 이 순간에 온 마음을 집중하라."

석가모니

방콕

Chapter 8

8
CHAPTER

방콕

소개

인구 840만
음식 중부 태국 식
대표 음식 볶음 쌀국수(팟 타이), 그린 파파야 샐러드(쏨땀), 야채 레드 커리, 고추와 타이 바질 치킨,
매콤새콤한 새우 수프(똠양꿍)
와인 문화 와인 수요는 증가하고 있으나 주세가 높아 소비를 촉진시키지 못하고 있다.
수입세 380퍼센트 정도

문화적 배경

태국은 독특하고 분명한 문화적 정체성을 지니고 있다. 방콕 시내를 거닐면 어디에서나 사원wat이나 부처님을 모셔놓은 불탑을 볼 수 있다. 왕궁The Grand Palace의 순금 첨탑은 상당히 먼 거리에서도 눈에 띤다. 태국 문화는 언어와 건축, 종교는 물론 식습관까지도 이웃 나라인 캄보디아와 미얀마, 인도, 중국에서 뿌리를 찾을 수 있다. 그러나 옛 시암Siam 왕국은 오랜 세월 독립 왕국의 자랑스러운 역사를 이어오며 태국 고유의 강한 정체성을 유지해 왔다.

동남아시아 다른 나라들과는 달리 태국은 서구 세력의 식민지가 되지 않았다. 이웃 나라들이 포르투갈과 네덜란드, 프랑스, 영국 등의 압력에 굴복한 반면 시암은 끝까지 독립을 유지했

다. 태국인들은 서구 세력을 서로 반목하게 하여 균형을 유지하면서 무역 협정을 체결하고 왕국을 이어왔다. 1천 여 년에 걸쳐 형성된 수코타이Sukhothai 통치자들과 아유타야Ayutthaya 지도자들의 강한 자유 의식은 시암의 성장과 힘의 원천이 되었으며 독립의 바탕이 되었다. 시암은 1949년까지 태국을 지칭하는 국가명이었다.

방콕은 1782년 시암의 수도가 되면서 '천사들의 위대한 도시The Great City of Angels'로 자랑스럽게 태어났다. 궁전과 사원, 저택들은 아유타이 왕궁을 모방했고 사원도 수없이 늘어났다. 시암 왕궁의 위엄과 불교도들의 신실한 신앙을 반영하듯 20세기 후반에는 도시가 성장하며 곳곳에 수백 개의 사원이 생겨났다. 그리고 시암을

앞 페이지: 카오 프라야Chao Phraya 강 건너 우뚝 서 있는 아룬 사원Wat Arun
위쪽: 태국 불교 승려　오른쪽: 수상 시장

엿보던 식민 세력 중 영국이 먼저 협상에 나섰다. 시암 왕국은 20세기를 맞이하여 서구에 문을 열고 교역을 시작하게 되었다.

태국의 정치 체제는 1932년 절대 군주제에서 입헌 군주제로 평화롭게 바뀌었다. 그러나 이후 수십 년간 2차 대전과 1960년, 1970년 사이 인도차이나 전쟁 등과 같은 지역 전쟁, 국내 군사 쿠데타 등으로 혼란이 계속되었다. 국가는 일반 시민 세력과 군 세력으로 나누어져 불안했으며, 지금은 군부와 시민 세력 간의 투쟁이 잠시 정지되어 있는 상황이다.

방콕은 과거의 잔재와 갈등이 집약되어 있는 태국의 수도이다. 인도차이나 전쟁 때 전국에 주둔했던 미국 군인들은 방콕을 휴식과 오락의 도시로 변화시켰으며 매춘이나 나이트클럽 등이 성업하게 되었다. 여러 가지 좋지 않은 상황에도 불구하고 태국은 한국과 대만 등 다른 아시아 호랑이들의 경제발전과 발 맞추

어 현대화를 계속하였다. 1980년과 1990년대는 관광 산업 위주의 수출 국가로 놀랄 만한 경제 성장을 이루었다. 1997년에는 아시아의 경제 위기로 화폐 가치가 반으로 떨어졌음에도 불구하고 상당히 빠른 회복세를 보였다.

태국 사람들을 이해하면 이 나라와 수도 방콕이 어떻게 성공을 지속할 수 있었는지 짐작할 수 있다. 전 인구의 75퍼센트는 태국인이며 근면하고 정직하며 잠재력이 있다. 조상이 중국인인 경우가 많다. 순수한 중국인은 주로 중국 남부에서 내려왔으며 태국 인구의 10퍼센트 정도를 차지한다. 중국과 오랜 관계를 이어오며 또 중국의 엄청난 성장으로부터 많은 기회를 얻을 수 있었다. 불교의 굳건한 전통은 일본이나 한국 등 불교 국가와도 연결 고리를 만든다. 방콕은 태국에서 가장 중요한 상업과 정치 도시로 주요 사건이 일어나는 중심 무대이다.

음식과 식문화

아시아 사람들이 모두 음식을 중시한다고 하지만 태국은 일상 언어에도 이와 같은 철학이 들어있다. 일상 사용하는 말 중에 음식으로 비유되는 경우가 많다. 예를 들어 마이 킨 센mai kin sen은 국수를 먹지 않는다는 뜻인데 두 사람 사이가 틀어졌을 때 쓰는 말이다. 센 야이sen yai는 국수가 굵다는 뜻으로 VIP나 중요한 사람을 뜻한다.

태국의 식문화는 다른 나라의 영향을 수없이 받으며 진화해 왔다. 국수를 좋아하는 것은 중국에서, 향신료를 풍부하게 사용하는 것은 인도에서, 진한 스튜는 캄보디아와 버마에서, 고추와 다른 주요 식재료들은 포르투갈에서 왔다. 현재의 태국 요리는 지난 수세기 동안 전통적으로 내려온 가장 좋은 부분과 새로운 아이디어들이 합해진 태국인들의 음식 사랑이 만든 작품이다.

1350년대에서 1700년대 후반에 이르는 아유타야 통치 기간 동안에는 태국 음식에 유럽인들의 식재료와 요리법이 스며들었다. 고추나 감자, 가지 등과 파이와 디저트 만드는 법 등이 소개되었다. 또한 미얀마의 침입과 운남Yunan성 등 중국 남부인들이 이주하면서 진한 커리와 매콤한 국수가 토속 음식의 일부가 되었다. 세월이 지나면서 외국 재료와 요리법 등이 태국식으로 독특하게 변형되었다. 커리는 인도나 말레이시아에서 왔지만 태국 고유의 커리로 정착했다. 인도 커리는 마른 향료를 섞어 만들지만 태국 커리는 가루를 찧은 후 반죽하여 진한 페이스트로 만든다. 절구와 공이는 태국 음식 준비에 필수품이다.

태국 음식은 수세기에 걸쳐 다른 식문화를 자유롭게 받아들여 왔지만 그 정수는 변하지 않았다. 한 상에서 나누어 먹고 밥을 기본으로 하며, 신선한 재료와 강한 풍미가 조화를 이룬다. 전형적 가족 식사는 수프와 커리, 야채, 생선, 해산물, 때로는 육류 요리가 포함된다. 고기를 피하는 채식 위주의 불교 식습관도 태국 요

오른쪽: 돼지고기 숯불구이

리에서 나타난다. 육류는 주재료이기 보다 적은 양을 쓰거나 곁들이는 정도이다. 태국 요리의 생명인 신선함은 다양한 지리적 여건과 농산물을 기본으로 하는 식생활에서 왔다. 현지에서 재배하고 수출도 많이 하는 재스민 라이스jasmin rice가 식사의 중심이 되며, 신선한 야채와 넓은 해안 지역에서 나는 해산물로 반찬을 한다.

다른 아시아 음식과 구별되는 태국 음식의 특징을 세 가지로 꼽을 수 있다. 첫째는 신선한 생야채와 허브를 많이 넣는다. 카피르 라임 잎kaffir lime leaves, 양강근galangal, 레몬 그라스, 고수, 타이 바질 등을 사용한다. 두 번째는 주요 향미인 단맛과 신맛, 매운맛, 짠맛의 풍미가 예리하고 순수하며 강렬하다. 얌yam(간단한 샐러드)이나 볶음 국수, 또는 커리 등 거의 모든 태국 음식에서 이런 풍미를 찾을 수 있다. 세 번째는 향미의 강도가 높더라도 각 요리는 균형을 유지한다. 태국 샐러드를 예로 들면 덜 익은 과일의 알싸한 단맛부터 라임의 신맛, 피시 소스의 짠맛, 레몬그라스, 고수, 민트의 허브 향, 매운 고추 향까지 가지각색의 향이 섞여있지만 조화를 이룬다.

태국 음식은 조리보다 준비하는 데 시간이 더 많이 걸린다. 수많은 재료들을 씻고 배열하고 잘게 썰어 준비에 공을 들인다. 이는 음식이 가볍고 신선하다는 뜻이며, 무겁거나 진하지 않으면서도 강한 향미를 보존하는 비결이다. 몇 가지 튀김 요리를 제외하면 기름은 거의 쓰지 않는다.

가끔 코코넛 우유를 사용하여 풍부함이나 바디감을 주기도 하지만 대부분의 태국 식사는 가벼우면서 향미가 가득하다. 한국 음식도 향미는 강하지만 무거운 편이 아니며, 두 나라 음식은 아로마가 강한 점이 비슷하다. 태국 음식은 스파이스와 허브, 감귤류 향, 피시 소스의 조합으로 얼얼하고 독특한 향이 난다. 그러나

한국 음식은 식재료의 향미보다 발효된 여러 가지 아로마가 혼합되어 더 자극적이다.

양념이나 소스는 단맛이나 신맛, 짠맛, 매운맛 등을 개인의 취향에 따라 선택할 수 있으며 식사에 빠질 수 없다. 남 플라nam plaa는 피시 소스로 식탁에 꼭 오른다. 남 프릭nam phrik은 아주 매운 고추로 만든 고추 새우 페이스트이다. 남 프릭은 지역에 따라 종류가 다양하며 태국 북부에서는 새우 페이스트 대신 발효 콩fermented soybeans을 쓴다.

태국 음식의 정수는 거리 음식이다. 길거리 수레나 노점에서 거의 모든 일상 음식들을 찾아볼 수 있다. 대부분 동남아 지역과 마찬가지로 태국의 거리 음식도 정통성이 있고 향미가 풍부하다. 간단한 식사 또는 스낵으로 먹는 경우가 많아 음식은 가벼운 편이다. 거리 노점은 종일 붐비고 방콕의 거리는 맛있는 태국 음식을 파는 행상들로 그득하다. 시내 곳곳에 음식 수레로 메운 야시장이 있으며, 많은 가게들이 냉방이 되는 실내로 옮겼으나 여전히 붐비고 있다.

1970년대와 1980년대 초기까지는 태국 사람들은 레스토랑에서 하는 외식은 특별한 경우가 아니면 부자들의 특권이라고 생각했다. 그러나 중산층이 증가하면서 일반 식당과 고급 레스토랑이 늘어나며 새로운 분위기가 형성되었다. 가정부나 요리사를 두는 경우가 많아 가장 태국적인 음식은 가정식에서 찾을 수 있다. 그러나 중산층은 오히려 태국식이 아닌 음식을 선호한다. 광동식이나 사천식 등 중국 음식을 좋아하고 일본 음식도 1990년대 이후 유행하면서 확산되었다. 서양식으로는 소규모 이탈리아 레스토랑이 고급 프랑스 레스토랑을 제치고 인기를 끌고 있다. 방콕에는 차이나타운도 있고 파후랏Phahurat이라는 인도 거리도 있다. 쏘이 톤손Soi Tonson에는 이탈리아 레스토랑이 모여 있어 작은 이탈리아라고도 부른다.

19세기 후반 몽쿳Mongkuk왕("왕과 나"의 주인공)으로 알려진 라마Rama 4세에 의해 포크와 스푼이 처음으로 도입되었다고 한다. 궁중에서 사용하다 점차 민간에 퍼지기 시작하여 지금은 손으로 음식을 먹는 오랜 습관은 북부의 몇몇 지역을 제외하면 태국에서 거의 자취를 감추었다. 스푼을 주로 사용하며 포크는 스푼에 음식을 올릴 때만 쓴다. 젓가락은 국수를 먹을 때나 중국 음식점에서 작은 공기밥을 먹을 때 사용한다.

요리

태국 음식은 지역에 따라 네 가지로 나눌 수 있다. 첫 번째는 풍부하고 비옥한 삼각주로 방콕을 포함한 중앙 평원 지대이다. 매일 식탁에 오르는 향기로운 쌀 재스민 라이스의 명산지이다. 이 지역은 대부분이 태국 만에 인접해 있기 때문에 싱싱한 해산물의 보고이기도 하다. 계란을 많이 사용하며 오믈렛이나 덮밥, 볶음 요리에 넣는다. 국수도 즐기며 쌀국수에 검은 쇠고기 육수를 끼얹은 보트 누들boat noodles은 특히 향미가 좋다.

태국 궁중 요리도 이 지역에서 발전했다. 요리의 종류도 놀랄 만큼 많고 최고급 식재료도 가끔 사용한다. 예쁘게 썬 과일과 야채는 식사에 매력을 더한다. 똠양꿍tom yum kung(매콤새콤한 새우 수프)과 팟타이pad Thai(볶음 쌀 국수) 등 서양에서 태국식으로 알려진 음식은 주로 이 지역 음식이다.

두 번째 지역은 치앙마이Chiang Mai 산악 지역을 포함하는 태국 북부 음식이다. 쓴맛이 나는 아카시아 잎이나 작은 가지, 뿌리 채소를 사용하는 점이 두드러진다. 재스민 라이스보다는 찹쌀을 선호하며 음식의 향미는 더 강하다. 미얀마의 영향을 받아 남부에 비해 양파나 마늘, 생강 등을 많이 사용한다. 스파이시한 소시지도 맛이 좋고 종류도 많다. 제일 유명한 사이와sai ua는 다진 돼지고기와 붉은 양파, 레몬 그라스, 카피르 레몬 껍질, 말린 고추 등을 모두 섞어 돼지 장 속에 밀어 넣은 소시지다. 이 지역은 미얀마와 중국 운남성과 국경을 맞대고 있으므로 요리도 그 영향을 받았다. 비슷한 음식으로 여러 가지 국수 종류와 미판mii pan(콩나물, 고수, 가는 쌀국수를 넣은 크레페) 등이다.

세 번째는 이싼Issan이라 불리는 태국 동북 지역이다. 태국에서 가장 척박하고 가난한 지역으로 역사적으로는 태국 왕국보다 라오스와 관계가 깊다. 수세기 동안 가난으로 인해 공산주의의 근거지가 되었다. 라오스와 캄보디아의 영향을 받아 고기가 들어간 이싼 지역 음식은 다른 지역 음식에 비해 더 든든하다. 굽거나 로스팅하는 조리법이 보편적이며, 각종 스파이스와 향미 있는 남찜naam jim 소스와 같이 나온다. 남째우naam jaew도 일반적인 소스이며 말린 고춧가루와 붉은 양파, 새우 페이스트와 타마린드 즙을 섞는다. 스파이시한 토속 음식 랍laap은 고기를 갈아 만든 요리로 태국 전 지역에서도 인기가 높다. 북부와 마찬가지로 동북 지역도 찰진 밥을 작은 공기에 넣어 손으로 주물러 먹는 것이 보편적이다.

네 번째는 남부 지역으로 태국 반도의 14개 주가 있고, 말레이시아와 국경을 맞대고 있다. 양쪽 해안의 평야 지대와 열대 우림 등 다양한 지형으로 고무나 주석, 코코넛 등 천연 자원이 풍부하다. 이 지역은 여러 지역의 영향을 받은 음식들이 뒤섞여 있으며, 코코넛 같은 현지 재료를 사용한 맛있는 요리가 즐거움을 더한다. 인구가 많은 중국계는 볶음 요리와 바비큐 포크, 국수를 주로 먹는다. 이 지역의 음식에서는 태국과 말레이시아를 나누는 국경의 의미를 찾기 어렵다. 생선 커리는 말레이시아에서 즐기는 커리와 비슷하다. 커리와 같이 먹든지 소를 넣은 말레이 스낵인 신선한 로티roti나 폭신한 밀빵도 쉽게 눈에 띈다. 말레이시아와 마찬가지로 이 지역도 인도네시아와 무슬림의 영향을 강하게 받았다. 카우목까이khao mok kai는 일종의 닭고기 비리야니biryani인데 쌀과 닭고기를 심황가루, 고추, 정향 등 스파이스와 함께 넣고 익히는 무슬림 요리이다.

오른쪽: 타이 허브 닭고기 숯불 구이

음료와 와인 문화

날씨가 덥고 음식도 스파이시하다면 시원한 물보다 더 나은 음료를 찾기는 어렵다. 그러나 방콕은 과일의 천국으로 거리마다 달콤한 주스에 얼음을 넣어 파는 노점상들이 즐비하다. 어린 코코넛이나 사탕수수, 파인애플, 망고 등 과일 주스는 맛있고 상큼하며 음식의 얼얼한 매운맛을 달래준다.

태국의 북부나 남부 지역에서는 전통적으로 커피와 차를 재배해 왔기 때문에 차와 커피 문화도 정착되었다. 차 잎을 우려내는 인도 스타일의 블랙 티는 국내산이나 수입 차 잎을 사용한다. 동남아 스타일은 뜨거운 블랙 티에 진한 우유와 설탕을 듬뿍 넣는다. 태국식 아이스 티는 블랙 티를 차게 하여 진한 우유를 위에 붓는다. 중국 차도 녹차에서 우롱차까지 시내의 중국 레스토랑에서 언제나 즐길 수 있다.

태국 남부에서는 로부스타Robusta 커피 열매를 오래 동안 재배해왔다. 북부의 높은 지대는 질 좋은 아라비카Arabica 원두 산지로 잘 알려져 있다. 전통적으로 현지 커피는 원두를 갈아 천으로 만든 봉지에 넣고 뜨거운 물을 부어 마신다. 강한 블랙 커피는 블랙 티처럼 설탕과 진한 밀크를 잔뜩 넣어 즐기기도 한다.

태국은 신실한 불교 국가로 종교가 음료 문화에도 많은 영향을 끼쳤다. 불교 교리에 맞추어 알코올 소비를 억제하기 위하여 주세가 높은 편이다. 그러나 실제로 태국은 아시아에서 일인당 알코올 소비량이 상당히 높은 편이며 술의 종류도 많다. 국제 도시인 방콕에 거주하는 사람들은 불교신자라고 해도 맥주나 위스키, 와인을 삼가지 않고 거의 정기적으로 마신다. 반면, 이슬람 영향권에 속하는 작은 도시나 마을, 남부의 몇몇 지역은 알코올 소비량이 현저히 낮다.

현지 맥주인 싱하Singha나 칼스버그Carlsberg는 병에 든 생수보다 싸며 양적으로 가장 많이 소비되는 음료이다. 가격이 싸고 차게 마시며 시원하게 씻어주는 느낌으로 일상적인 태국 음식과 잘 어울린다. 여러 가지 곡주도 빚으며 그 중 쌀로 만든 술이 값싸고 인기가 있다. 태국 스피릿은 알코올 도수가 35퍼센트에서 90퍼센트까지 다양하다. 현지 위스키는 대부분 쌀로 만들고 약간 단맛이 있으며 쌩쏨 Sang Som은 사탕수수로 만든 럼이다. 라오 카오lao khao라는 백주는 찹쌀로 만들며 지방에서 인기가 있다. 라오 트안lao theuan(wild liquor)은 코코넛 우유나 사탕수수, 찹쌀, 토란 또는 야자 설탕으로 만들며 값이 더 싸고 대중적이다.

지난 20~30년 사이 소득이 늘면서 건강에 좋고 풍요한 라이프 스타일을 상징하는 와인 역시 관심을 끌기 시작하였다. 방콕은 뭄바이와 맞먹는 높은 주세로 와인 소비를 최대한 억제하려고 하는 듯하다. 와인을 마시기에 가장 비싼 도시 중 하나이며, 와인은 사치품으로 인식되어 잠재적인 소비 성장 가능성도 아직은 불

위쪽: 코코넛   오른쪽: 후아 힌 힐즈Hua Hin Hills 포도밭

투명하다. 수입 와인이 주로 팔리고 특히 프랑스와 호주 와인이 대세를 이루며 시장을 점유하고 있다.

생산량도 많지 않고 소비도 소량에 불과하지만 현지 와이너리들은 마케팅과 교육으로 와인의 사치성 이미지를 바꾸려고 노력하고 있다. 태국 와인을 대표하는 7개의 와이너리가 태국 와인협회를 만들어, 전국을 통해 와인 교육과 테이스팅에도 적극적으로 앞장서고 있다. 시암Siam 와이너리, 그란몬테Granmonte, 샤또 드 르이Château de Loei에서 생산하는 와인은 단순하고 시원하여 스파이시한 태국 음식과 잘 어울린다. 국내산 레드와인은 시장 점유율이 60~70퍼센트이다.

해마다 자연적으로 이모작이 되는 더운 기후에서 포도를 재배하여 와인을 만드는 것은 쉬운 일이 아니다. 깔끔한 과일향 와인을 만들기 위해서는 세심한 포도밭 관리와 양조 기술이 필요하다. 한해에 한 번만 수확하려면 고도가 높은 지역에 심어야 하고 가지치기도 심하게 해야 하며, 포도의 성숙이나 와인을 만드는 각 단계마다 서늘한 온도를 유지하도록 주의를 기울여야 한다.

국내 와이너리는 200퍼센트에 달하는 소비세를 내지만 이는 수입 와인에 부과되는 400퍼센트 세금보다는 훨씬 낮은 편이다. 2004년에 발족된 이 역동적인 와인협회는 와인 문화에 대한 이해를 높이고 수입에 대체할 수 있는 와인을 만들기 위해 활발히 움직이고 있다. 또한 태국의 식문화와 와인의 틈새를 메우는 중요한 역할을 계속해 나갈 것이다.

태국에서 와인이 생산된다는 사실이 믿기지 않을 수 있다. 그러나 와인산업이 시작된 지는 이미 30여년이 지났으며, 샤또 드 르이Château de Loei는 1995년에 첫 빈티지를 출시했다. 와이너리는 60여 개가 넘고 포도밭도 1980년대에 비해 거의 3배로 늘어나 2008년에는 14만 5천 헥타르에 이른다. 레드와 화이트, 로제, 스파클링 등 모든 스타일이 생산되며 태국 와인협회에서 생산하는 와인 중 거의 50퍼센트가 외국에 있는 태국 레스토랑이나 대리점에 수출된다. 태국에서 가장 큰 시암 와이너리는 생산량의 절반 이상을 프랑스와 독일, 호주, 일본, 영국, 미국 등에 수출한다. 태국은 인도와 브라질, 베트남과 같이 신 위도 와인New Latitude Wines이라 불리는 열대 지역 와인 생산지이다. 이 지역 와인 메이커들은 더운 지역에서 와인을 만드는 특별한 기술을 연마하고 있다. 기후의 온난화가 계속 되면서 앞으로 열대 지역의 와인 양조 방법이 전통적 와인 생산 지역에도 도움이 되리라 본다.

와인과 중부 태국 음식

태국 음식은 향미가 강하고 또 한상에서 음식을 같이 나누어 먹는 식문화라 와인 매칭이 까다롭다. 싱싱한 허브를 많이 사용하여 향이 뚜렷하기 때문에 와인의 아로마가 지워지기도 쉽다. 따라서 과일향이 생동하고 아로마가 강한 와인을 선택해야 한다. 샐러드나 양념 또는 식사 때 늘 먹는 수프에도 강한 신맛과 쏘는 맛이 있기 때문에 와인도 단단한 산미가 필요하다.

고추는 거의 모든 요리에 쓰이며 식탁에 늘 준비되어 있는 고추 피시 소스(프릭 남 플라phrik naam plaa)에도 들어간다. 극도로 짜고 매운맛의 조합은 특히 태국 음식과 레드와인을 매칭하기 어렵게 만든다. 식재료는 가볍기 때문에 화이트 와인이 무난하지만, 태국 음식 전문 레스토랑에 오는 손님들은 거의 레드와인을 주문하니 문제가 생긴다. 레드와인이라도 라이트나 미디엄 바디의 산미가 강한 와인이면 그런대로 어울린다. 그러나 태국 사람들은 풀 바디의 타닌이 강한 레드를 좋아한다. 이런 와인은 매운맛을 부추기고 반대로 음식은 와인의 과일향을 완전히 압도한다. 차게 식혀 덜 매운 볶음 요리나 육류 요리와 함께 선별적으로 마시면

즐길 수도 있다.

많은 요리가 약간 달콤한 맛을 풍기므로 오프 드라이off dry 와인 또는 차게 식힌 미디엄 스위트 와인도 잘 어울린다. 독일의 리슬링이나 루아르의 오프 드라이 슈냉 블랑Chenin Blancs, 알자스의 아로마 있는 레이트 하비스트late harvest 화이트는 태국 음식과 균형을 이룰 수 있는 모든 요소를 갖추고 있다. 단단하고 신선한 산미와 강한 과일향, 적당한 무게의 바디와 단맛은 태국 음식의 달콤한 풍미를 반영할 수 있다. 차게 서빙하면 상쾌한 느낌을 주며 음식으로 얼얼해진 입을 씻어주고 원상복귀 시키는 효과도 낸다.

태국 음식은 강렬하고 활기찬 발랄함이 있다. 와인도 밝은 과일향과 예리한 강도, 단단한 산미가 조화를 이룰 때 태국 음식과 잘 어울린다. 음식의 강한 스파이스는 아로마가 있는 화이트 또는 피노 누아 같은 레드와도 가끔 잘 어울린다. 세계적으로 서늘한 지역에서 생산되는 산도가 높은 밝은 과일향 와인을 선택하면 실수가 없다.

태국 음식과 와인 대조표

음식의 향미		와인의 성격		음식의 미감	
• 짠맛	●●●●◐	• 당도	드라이, 오프 드라이	• 무게/풍부함	●●○○○
• 단맛	●●●●◐	• 산도	●●●●●	• 기름기	●●○○○
• 쓴맛	●●○○○	• 타닌	●●●○○	• 질감	●●●●○
• 신맛	●●●●○	• 바디	●●●●○	• 온도	●●●●○
• 스파이스	●●●●◐	• 향미의 강도	●●●●●		
• 감칠맛	●●○○○	• 피니시	●●●○○		
• 향미의 강도	●●●●●				

낮음 ●●●●● 높음

조미료, 소스, 양념장
RELISHES, SAUCES(NANM), DIPS, CONDIMENTS

특성
- 짠 피시 소스plaa는 많은 소스의 기본이다. 맛은 극히 자극적이다.
- 고추는 대부분 양념과 소스에 들어간다.
- 소스와 조미료는 스파이스와 단맛. 짠맛 또는 신맛을 더해 음식의 향미와 면모를 바꾼다.
- 일반적인 양념으로는 고춧가루와 설탕. 고수. 라임. 땅콩 가루 등을 사용한다.

와인 팁

고려사항
- 소스와 양념장의 진한 향미와 맞설 수 있는 강한 과일향 와인이 필수적이다.
- 고추가 많이 들어가면 와인의 타닌은 무조건 낮아야 한다.
- 가볍고 산미가 있는 와인을 차게 서빙하면 미각을 시원하게 해준다.

와인 선택
- 과일향이 생동하는 드라이 또는 오프 드라이 화이트. 신선한 산미의 오크 향 없는 화이트
- 라이트 바디 레드 또는 차게 식힌 로제. 스파클링 와인

추천 와인
- **보완:** 독일. 루아르. 알자스 등의 오프 드라이 와인; 서늘한 기후. 신세계 리슬링 또는 아로마 드라이 화이트; 스페인 알바리뇨Albarino 또는 베르데호Verdejo. 스파클링 와인; 신세계 과일향 라이트 바디 피노 누아
- **동반:** 북부 이탈리아 화이트와인; 로제; 스파클링 쉬라즈; 보졸레 크뤼Beaujolais cru

피할 와인
- 산도가 낮은 와인
- 섬세하고 미묘한 향의 고급 와인

대표 음식
달콤한 고추 소스(씨라차)
Sweet chilli sauce (위)
풋고추 피시 소스(남 프릭 눔)
Green chilli dip
고추와 다진 돼지고기 소스(남 프릭 엉)
Red chilli and minced pork dip (아래)
고추 피시 소스(프릭 남 플라)
Fish sauce with sliced chilli dip
**고추와 새우 페이스트 소스
(남 프릭 까삐)**Chilli and shrimp
paste dip

8

방콕

이미지

대표 음식

매콤새콤한 새우 수프(똠얌꿍)
Spicy and sour prawn soup (오른쪽)
매운 쌀 국수(깽쯧운센)
Rice noodles in spicy soup
치킨 코코넛 수프(똠까까이)
Chicken coconut soup (아래)

향미 있는 수프
FLAVOURFUL SOUPS

특성
- 스파이시하며 신맛과 단맛이 함께 느껴진다.
- 수프는 매우 스파이시하고 시큼하며 코코넛 밀크를 쓴 육류 수프는 신맛이 덜하다.
- 야채와 해산물, 육류 등 다양한 재료를 사용하며 쌀국수를 넣기도 한다.
- 음식의 온도는 높다.
- 감칠맛은 중간 정도다.

와인 팁

고려 사항
- 어떤 스타일의 와인도 차게 서빙해야 한다.
- 강한 스파이스와 신맛의 수프에는 강한 산미의 과일향 와인이 어울린다.
- 코코넛 기본 수프에는 오크 향이 나는 풀 바디 샤르도네도 좋다.

와인 선택
- 대담한 과일향 미디엄 바디 레드 또는 미디엄이나 풀 바디 화이트
- 풀 바디 아로마 화이트는 음식의 허브 향과 잘 어울린다.
- 로제 또는 스파클링 와인은 다양성이 있다.

추천 와인
- **보완:** 과일향 꼬뜨 뒤 론 빌라주Côtes du Rhône Villages 또는 그르나슈Grenache 기본 과일향 미디엄 바디 레드; 뉴질랜드 피노 누아; 캘리포니아 퓌메 블랑Fumé Blanc; 알자스 풀 바디 아로마 화이트; 영 꽁드리외Condrieu, 신세계 오크 향 샤르도네
- **동반:** 단순한 로제; 프로세코Prosecco나 젝트Sekt, 크레망Cremant 등 스파클링 와인; 과일향, 신세계 소비뇽 블랑

피할 와인
- 타닌이 강하거나 오크 향이 강한 와인
- 연약하고 섬세한 와인이나 오래 숙성된 와인은 음식의 높은 온도와 스파이스에 짓눌린다.

대표 음식

그린 파파야 샐러드(쏨땀)
Green papaya salad (위)

다진 고기 샐러드(랍까이)
Minced meat salad

포멜로 샐러드(얌쏘모)
Pomelo salad (아래)

메기 튀김 샐러드(얌 플라 둑푸)
Fried shredded catfish salad

오징어 샐러드(얌 플라 믁)
Baby squid salad

새콤하고 매운 샐러드(얌)
SPICY AND TANGY SALADS(YAM)

특성
• 과일과 라임 주스의 강한 신맛이 설탕과 피시 소스, 고추와 조화를 이룬다.
• 태국 고유의 샐러드에는 대부분 고추가 많이 들어간다.
• 레몬그라스와 카피르 잎, 붉은 양파, 고수 등 싱싱한 허브를 넣는다.
• 음식과 허브, 양념 모두에 강한 아로마가 있다.
• 기름은 적게 쓴다.
• 과일이나 생야채를 주로 쓰기 때문에 재료는 가볍다.

와인 팁

고려 사항
• 음식의 강한 신맛은 높은 산도의 와인을 요한다.
• 와인은 음식의 향미와 충분히 맞설 수 있는 강도와 대담한 과일향이 있어야 한다.
• 음식의 강한 아로마는 아로마 와인과 어울린다.
• 차게 식힌 로제 또는 스파클링 와인, 파삭한 산미와 강한 과일향 라이트 바디 화이트가 어울린다.

와인 선택
• 차게 식힌 스파클링 와인 또는 단순한 로제
• 자연적 산도와 과일향을 갖춘 화이트와인
• 활달한 과일향의 드라이 또는 오프 드라이 화이트

추천 와인
• **보완:** 독일, 알자스, 루아르 등의 드라이 또는 오프 드라이 화이트; 리슬링, 게뷔르츠트라미너, 뮈스카Muscat 등 아로마 품종; 신세계 스파클링 와인; 서늘한 기후 또는 신세계의 오크 향 없는 파삭한 샤르도네
• **동반:** 드라이 로제; 잘 익은 신세계 소비뇽 블랑 또는 슈냉 블랑 Chenin Blanc; 피노 그리조; 아스티 또는 모스카토 다스티Moscato d'Asti; 차게 식힌 과일향 그르나슈Grenache 기본 레드

피할 와인
• 산미가 모자라는 무덤덤한 와인
• 타닌이 높거나 오크 향이 짙은 와인
• 과일향이 절제된 섬세한 고급 와인

볶음 요리
STIR-FRIED DISHES

특성
- 피시 소스 기본 양념으로 짜고 자극성이 있다.
- 국수나 야채가 주재료이며 약간의 육류와 해산물을 곁들인다.
- 향미는 적당하지만 소스는 맵고, 짜고, 달고, 신맛을 더한다.
- 프릭 남 플라phirik naam plaa는 피시 소스에 고추를 썰어 넣은 일반적인 소스이다.
- 기름은 적거나 중간 정도이며 요리는 매우 가벼운 편이다.
- 파나 오이, 고추, 고수 등 생야채를 곁들인다.
- 감칠맛은 중간 정도이다.
- 온도는 높다.

와인 팁

고려 사항
- 강한 산미와 과일향이 있는 와인이 음식의 기름기와 양념 맛에 꺾이지 않는다.
- 대부분 요리의 기본이 야채와 국수이므로 와인은 라이트나 미디엄 바디가 잘 맞다.
- 맵고 짠 향미에는 가벼운 과일향 레드가 좋다.

와인 선택
- 타닌이 적당하며 시원한 산미가 있는 과일향 레드
- 파삭한 산미의 미디엄 바디 화이트; 가벼운 오크 향 와인
- 스파클링 와인과 로제는 둘 다 다양성이 있다.

추천 와인
- **보완**: 신세계 피노 누아; 영 부르고뉴 빌라주급 레드; 토스카나 또는 베네토 과일향 미디엄 바디 레드; 서늘한 지역, 신세계 샤르도네, 소비뇽 블랑 또는 세미용 블렌드; 풀 바디 샴페인
- **동반**: 보졸레 크뤼Beaujolais cru; 단순한 남부 론Rhône; 과일향 가벼운 오크 향 슈냉 블랑Chenin Blanc; 잘 익은 피노 그리조Pinot Grigio; 신세계 스파클링 와인; 드라이 로제

피할 와인
- 타닌이 높거나 풀 바디 스타일 와인
- 가볍고 섬세한 와인

대표 음식
새우 생강 볶음(꿍팟킹)
Stir-fried prawns with ginger (위)
바질과 고추 닭고기 볶음(팟까이카프라오)
Stir-fried chicken with basil and chillies
새우 쌀 국수 볶음(팟타이꿍)
Stir-fried rice noodles with shrimp (아래)
케일 볶음(팟팍카나) Stir-fried kale
모듬 야채 볶음(팟팍루암)
Stir-fried mixed vegetables

커리(깽)
CURRIES, KAENG

특성
- 새콤한 수프에 신선한 허브와 고추, 양강근, 레몬그라스, 붉은 양파, 마늘, 타마린드 등이 들어가 풍미가 강하다.
- 피시 소스와 새우 페이스트는 커리에 자극적인 맛을 더한다.
- 매운 맛은 중간에서 강한 편으로 음식마다 차이가 있다.
- 지방 함량은 적당하며 소스는 진하지만 음식 자체는 무겁지 않다.
- 태국 커리는 기본적으로 밥과 함께 나와 강한 향미가 부드러워진다.
- 온도는 높다.

대표 음식
치킨 레드 커리(깽까이)
Red chicken curry (위)
로스트 덕 레드 커리(깽펫뻿양)
Roast duck red curry
치킨 그린 커리(깽키야우안까이)
Green chicken curry (아래)

와인 팁

고려 사항
- 음식의 아로마가 강하므로 게뷔르츠트라미너나 뮈스카 등 강한 아로마 와인이 잘 어울린다.
- 다양한 스파이스와 향미에 견딜 수 있는 강한 과일향이 필요하다.
- 코코넛 우유의 약간 단 뒷맛은 오프 드라이 와인 또는 약간 단 바닐라 오크 향 와인과도 잘 맞다.

와인 선택
- 과일향이 생동하는 어리고 잘 익은 아로마 화이트와인
- 오프 드라이 화이트의 약간 단맛은 음식의 매운맛과 잘 대비된다.
- 오크 향 풀 바디 화이트는 음식의 풍부함과 단맛을 잘 반영한다.
- 고기 커리와는 타닌이 적당하고 잘 익은 미디엄 바디의 과일향 레드도 어울린다.

추천 와인
- **보완**: 알자스, 독일 드라이 또는 오프 드라이 아로마 와인; 영 아로마 비오니에Viognier; 신세계, 오크 향, 잘 익은 샤르도네; 리오하Rioja 화이트; 신세계 과일향, 미디엄 바디 피노 누아 또는 메를로
- **동반**: 잘 익은 피노 그리조Pinot Grigio; 단순한 꼬뜨 뒤 론Côtes du Rhône; 현대적 스타일의 영 리오하 레드; 과일향 로제

피할 와인
- 부드럽고 섬세한 와인은 음식의 강한 향미를 이기지 못한다.
- 타닌이 높은 레드는 요리의 스파이스와 매운 맛을 부추긴다.

태국 음식과 어울리는 지니의 5대 추천 와인
Jeannie's Top 5 for Thai Cusine

1. 신세계 피노 누아
- Pinot Noir Village, Bass Phillip Gippsland, Victoria, 호주
- Pinot Noir La Strada, Fromm Vineyard, Marlborough, 뉴질랜드
- Pinot Noir, Martinborough Vineyard, Martinborough, 뉴질랜드

2. 신세계 샤르도네
- Art Series Chardonnay, Leeuwin Estate, Margaret River, 서 호주
- Chardonnay Estate, Chalone, Monterey, California, 미국
- Piccadilly Chardonnay, Grosset, Adelaide Hills, 남 호주

3. 오프 드라이 리슬링
- Blue Slate Riesling, Dr Loosen, Mosel, 독일
- Oberhauser Leistenberg Riesling, Helmut Donnhoff, Nahe, 독일
- Wehlener Sonnenhur Riesling Auslese Goldcapsel, JJ Prum, Mosel, 독일

4. 알자스 게뷔르츠트라미너
- Gewürztraminer, Hugel & Fils, Alsace, 프랑스
- Gewürztraminer Zotzenberg Grand Cru, Domaine Lucas & André Rieffel, Alsace, 프랑스
- Gewürztraminer Altenbourg, Domaine Albert Mann, Alsace, 프랑스

5. 오스트리아 그뤼너 벨트리너
- Grüner Veltliner Spiegel, Hiedler, Kamptal, 오스트리아
- Grüner Veltliner Von Den Terrassen Smaragd, FX Pichler, Wachau, 오스트리아
- Grüner Veltliner Stockkultur, Prager, Wachau, 오스트리아

"어린 시절에 먹었던 음식 사랑이 나라 사랑으로 이어진다."

임어당

쿠알라룸푸르

Chapter 9

쿠알라룸푸르

소개

인구 160만
음식 페라나칸 식; 말레이 토속 음식, 중국, 인도, 태국, 인도네시아 음식의 종합
대표 음식 코코넛 라이스(나시 레막), 코코넛 누들 수프(락사), 코코넛 비프(비프 렌당), 인도 빵(로티 차나이), 새우 삼발
와인 문화 정부는 알코올 소비를 억제시키려 하나 와인 시장은 성장하고 있다.
수입세 병당 US $4와 20퍼센트 세금 추가.

문화적 배경

쿠알라룸푸르는 마음도 입맛도 푸근하게 감싸주는 편안하고 친근한 도시다. 말레이시아 사람들은 따뜻하게 여행객을 반기며 누구에게나 다시 오고 싶은 곳으로 기억하게 한다. 다른 문화와 정치, 종교를 열린 마음으로 포용하며 현재의 삶을 긍정적으로 받아들이는 것 같다.

　낙천적 인생관의 뿌리는 지난 2천여 년 동안 여러 문화와 외세가 얽히고 설킨 데서 찾을 수 있다. 말레이 반도를 지배했던 나라로는 스마트라 북부의 스리비자야Srivijaya 제국, 멜라카Melaka의 이슬람 술탄 왕국, 포르투갈, 영국 등 많기도 하다. 쿠알라룸푸르가 말레이 반도의 중심 도시로 성장한 것은 19세기 중반 주석 광산의 개발이 계기가 되었다. 반도 서부에 위치한 말레이 끌랑Malay Klang의 군주가 보낸

중국 노동자들이 대거 광산에서 일하기 시작하며 도시의 근간이 이루어졌다.

　1874년에 팡코르 조약Pangkor Treaty으로 영국이 통치권을 쥐면서, 1880년에는 셀랑어Selangor주의 수도로 쿠알라룸푸르가 정해졌다. 20세기 초에는 세계 주석 소비량의 거의 반을 생산하게 되었으며 중국 광부의 수 역시 계속 늘어났다. 지금도 이 도시의 중국계 사회는 말레이인과 원주민인 부미푸트라bumiputra를 합한 것과 같으며 전국적으로 인구의 약 1/4을 차지한다.

　고무는 말레이시아의 또 다른 중요한 수출상품으로 높은 수익을 보장해 준다. 세계적인 자동차 산업의 성장에 발맞추어 고무 산업이 성장하였으며, 열대지방에 우후죽순처럼 자라는 고

앞 페이지: 쿠알라룸푸르의 페트로나스 트윈 타워(오른쪽)와 메나라Menara KL(왼쪽)
위쪽: 술탄 압둘 사마드 빌딩　　오른쪽: 야채 시장

무나무로 많은 주민들이 부자가 되었다. 말레이 반도는 천연 자원이 풍부하며 그 외에도 야자유palm oil와 천연 가스, 석유도 수출한다.

2차 대전 중 길지는 않았지만 심각했던 일본 통치를 겪은 후 말레이시아인들 사이에서는 영국으로부터 독립하려는 의지가 고조되었다. 1957년에 독립 국가가 되었으며 1963년에는 말레이 반도와 싱가포르, 사바Sabah, 사라왁Sarawak을 포함하는 말레이시아 연방 정부가 형성되었다. 종족간의 갈등으로 1965년에 싱가포르는 연방에서 빠졌다. 중국인들이 산업과 경제를 장악하며 사회적 긴장이 더 고조되었다. 1969년의 폭동으로 수백 명이 희생되었고 그 해결책으로 정부는 신경제 정책을 내놓았다. 이는 모든 경제 영역에서 말레이인들에게 교육부터 고용 기회까지 특혜를 주는 긍정적인 정책이었다.

1980년과 1990년대에는 놀랄 만한 발전이 이루어졌다. 수상 마히티르 모하마드Mahathir Mohamad는 20여 년에 걸친 재임 기간 동안 강력한 지도력을 발휘했다. 농업이나 광업 등 1차 산업을 제조업으로 전환시키며 국가의 경제 구조를 바꾸어 나갔다. 말레이시아는 수출 위주 국가로 변모해 갔다. 페트로나스 트윈 타워Petronas Twin Towers 등이 솟아오르며 도시의 스카이라인도 달라지고 말레이시아인들의 라이프 스타일도 바뀌기 시작했다. 노점들이 늘어섰던 거리에 주요 쇼핑몰과 호텔들이 건설되었다. 사치스런 저택들과 다국적 기업들, 세계적 명품 브랜드, 고급 레스토랑들이 속속 들어서면서 쿠알라룸푸르는 국제적 면모를 드러내기 시작했다.

음식과 식문화

쿠알라룸푸르 거리에는 노점이나 손수레에서 파는 음식 냄새가 넘친다. 덥고 습한 날씨로 인해 자극적인 페라나칸 소스나 인도 커리, 중국 음식의 기름과 간장 냄새가 공기 중에 그대로 머물러 있는 것 같다. 지금은 변두리로 많이 밀려났지만 아직도 높은 현대식 건물 아래의 길거리 음식 문화는 활기차게 살아 움직인다. 싱가포르 사람들이 국경을 넘어 쿠알라룸푸르로 먹자여행을 오는 것만으로도 노점 음식들의 맛과 질이 얼마나 좋은지 짐작 할 수 있다.

노점 음식은 잘란 암팡Jalan Ampang 주위의 상업 지역이나 방사르Bangsar의 히피들과 유행의 거리 잘란 텔라위Jalan Telawi, 멋쟁이 거리 부킷 빈땅Bukit Bintang 등 어디에서든 즐길 수 있다. 향기로운 코코넛 라이스와 맛있는 삼발sambal을 먹으려고 나시 레막 안타라 방사Antara Bangsa 바깥에 줄 서서 기다리면 지난 몇 세대 동안 음식 문화는 별로 달라지지 않았다는 것을 느낄 수 있다. 얼룩진 플라스틱 탁자와 의자는 빈틈이 없고, 서로 팔꿈치를 비비고 앉아 뜨거운 국수나 커리를 급히 먹는다. 반드시 점심이나 저녁이 아니더라도 잘란 알로Jalan Alor나 페탈링Petaling 같은 거리는 단골손님들로 하루 종일 붐빈다.

쿠알라룸푸르의 노점 음식은 도시 거주자들의 다문화를 그대로 반영하기 때문에 더 특별하다. 페라나칸은 얼얼한 국수 락사laksa와 매운 어묵 요리 오탁오탁otak-otak을 만들어냈고 말레이는 코코넛 라이스 나시레막nasi lemak 요리사들에게 영감을 주었다. 중국은 복건식 국수 호키엔미Hokkien mee나 볶음 쌀국수 차퀘이티오char kway teow 등 모든 종류의 면 요리 원조이다. 인도인이 많지는 않아도 인도 음식의 영향도 크다. 바나나 잎Banana leaf 레스토랑과 카페는 곳곳에 있다. 여러 종류의 인도 빵과 콩 요리 달dahl, 인도식 빵 로티 차나이roti canai, 양념 치킨인 치킨 마살라chicken masala를 파는 가게는 인기가 있다. 상점이나 레스토랑 이름만으로도 보통 어떤 음식 전문 인지를 쉽게 알 수 있다. 예) Soon Kee Beef Noodles, Ka-Soh Fishhead Seafood restaurant, Nasi Kandar(rice meal) Pelita 등.

말레이시아 정부가 노점 정리를 특별히 하는 편은 아니지만 많은 가게들이 더 나은 곳으로 자리를 옮겨 재미를 보고 있다. 푸드 코트로 옮긴 노점은 깨끗하고 냉방이 잘 되어 있으며 갖가지 현지 음식들을 적당한 가격으로 판다. 나시 레막으로 유명한 마담 콴Madam Kwan's은 캐주얼한 전통 커피숍kopitiam으로 시내 곳곳의 쇼핑몰에 지점을 열었다. 현지 음식은 호텔에도 입점하여 유명한 카르코사 세리 네가라Carcosa Seri Negara 호텔의 굴라이 하우스Gulai House는 토속 음식을 고급스런 분위기에서 제공한다. 그러나 아직은 멋지게 변신한 말레이시아나 페라나칸 레스토랑은 몇 되지 않는다. 화려한 5성급 호텔에서 현지 음식을 커피숍 메뉴나 뷔페 음식의 일부로 내놓을 뿐이다.

레스토랑은 1990년대 초기부터 늘어났다. 다양한 종교의 차이는 음식에서도 뚜렷이 나타난다. 무슬림 메뉴에는 돼지고기를 볼 수 없고 힌두교도들은 쇠고기를 피하며, 아예 채식을 하기도 한다. 동남 아시아 지역 음식점들도 점점 늘어나고 있다. 예를 들면 비잔Bijan은 토속 음식을 현대식으로 만들어 평판이 좋고, 타마린드 스프링스Tamarind Springs와 코치네Cochine는 인도차이나 음식으로 인기가 높다. 중동과 스페인, 일본 음식도 널리 퍼져 있다. 쿠알라룸푸르의 레스토랑들은 이들 음식을 퓨전화 하는 데도 뛰어난 솜씨를 보이고 있다. 퓨전 스타일은 풍미보다는 겉모양에 더 집중하는 경향이 있어 음식 애호가들에게는 인기가 덜하지만 동서양을 잘 조합하여 성공적으로 꾸려가고 있는 곳도 있다. 봉통Bon Ton과 톱 햇Top Hat 두 곳은 현대 유럽 음식에 아시아의 특징을 잘 혼합한 독특한 음식을 선보이고 있다.

왼쪽: 나시레막coconut rice

요리

말레이 음식은 인도네시아의 자바와 수마트라 섬의 풍미가 주를 이룬다. 태국과 중국의 요소도 가미되어 전통 인도네시아 음식과는 조금 다른 면을 보인다. 말레이에서는 새우 페이스트를 기본으로 생강과 고추, 레몬그라스, 심황, 사프란, 커민 등 신선한 향료 가루를 혼합한 스파이스를 쓴다. 쇠고기 렌당 Beef rendang 은 말레이시아의 전통적인 인기 음식으로 스파이시한 코코넛 밀크에 쇠고기를 넣어 익힌 검고 진한 커리이다. 사테Satay는 닭이나 쇠고기, 돼지고기 등의 육류 꼬치구이로 땅콩 고추 소스에 찍어 먹는다. 삼발 벨라칸sambal belacan은 신선한 고추와 말린 새우 페이스트, 라임 주스를 혼합하여 만든 향미가 가득한 양념장이며 말레이 식탁에 빠지지 않는다.

말레이 음식은 중국식 식재료와 조리법이 페라나칸(논야 Nonya, 중국계 페라나칸 여성)의 부엌에서 만나 탄생되었다. 말레이시아와 싱가포르, 인도네시아에 처음 정착했던 중국인들은 말레이 여성들과 결혼했다. 자연스레 중국식 웍wok 조리 방법과 국수를 즐기게 되었다. 이들은 말레이와 인도, 인도네시아의 스파이스와 소스를 첨가하여 향기로우면서도 스파이시하며 매콤 새콤한 풍미가 어우러진 독특한 음식을 만들었다.

페라나칸 요리의 기본 재료는 코코넛 밀크와 양강근, 판단, 카피르 잎, 레몬그라스, 타마린드, 새우 페이스트 등이다. 논야 음식이 태어난 말라카Malacca와 같은 도시는 말레이 반도의 해안 지역에 위치하여 싱싱한 생선이나 조개, 절인 새우등 해산물이 풍부하다. 이런 재료를 모두 합하면 강렬한 스파이스와 신맛, 향긋하고 알싸한 허브 향이 섞인 요리가 된다. 논야 음식은 새우 페이스트나 새우젓과 같은 소금에 절인 새우를 넣는 것이 특징이다. 짜고 자극적인 맛은 요리의 새콤 매콤한 맛과 균형을 이루기도 한다. 논야 음식의 전형적인 소스는 라임 주스와 붉은 양파, 고추를 넣은 새우젓갈 Cincaluk이며, 해산물 튀김이나 다른 음식들과 함께 나온다.

쿠알라룸푸르 음식에는 중국의 영향을 매우 강하게 느낄 수 있다. 페탈링Petaling가의 차이나타운에서는 중국 각지의 음식-고급 광동식은 물론 일상적인 하이난 치킨 라이스 또는 복건식 국수 등-을 골고루 즐길 수 있다. 국수는 노점에서 파는 볶음면 비훈bee hoon에서부터 고급 레스토랑의 비싼 해산물 튀김면까지 국수는 이곳에서 가장 인기 있는 중국 음식이다. 중국 요리 중 광동식Cantonese 요리는 5성급 호텔 최고 레스토랑의 대표적 음식이며, 사천성Sichuan과 상하이 음식은 시내의 평범한 음식점에서 인기가 있다.

싱가포르와 마찬가지로 쿠알라룸푸르에도 인도인들이 살고 있다. 숫자는 적지만 오랜 거주로 인해 매운 커리나 철판에 굽는 인도 빵 로티 차나이, 바나나 잎에 올리는 식사 등 타밀Tamil 지역 음식의 영향이 강하게 나타난다. 인도의 향료와 커리, 조리법은 말레이시아에 전래되어 인도 각 지역의 음식을 도시 전역에서 맛볼 수 있다. 탄두르tandoor(진흙 화덕)를 사용하는 북부 무갈Mughal 음식은 시설이 좋은 인도 레스토랑에서 인기를 끌고 있다.

음료와 와인 문화

모든 사람은 문화적 배경이나 종교, 가족 전통에 따라 음료를 선택한다. 말레이시아의 다문화적 환경에서는 음료 문화에도 하나의 일관된 테마가 없다. 물 외에는 블랙 티에 농축된 우유를 넣은 밀크 티, 떼 타릭teh tarik이 도시 전역에서 인기가 있다. 중국 레스토랑에서는 전통적인 중국 차를 마시지만 다른 음식점이나 노점, 커피 숍에서는 달콤하고 강한 밀크 티가 더 대중적이다. 커피는 블랙 커피에 진한 우유를 섞어 달콤하게 만들지만 요즘은 더 가벼운 유럽식 커피도 유행하고 있다.

음료는 음식 문화에 따라서 달라진다. 인도식은 짭짤하거나 달콤한 라씨lassi(요구르트 음료)가 식사와 같이 나오고, 페라나칸 식은 신선한 어린 코코넛이나 사탕수수에서 방금 짜낸 주스를 마신다. 중국식은 여러 가지 차 종류를 선호한다. 열대성 기후로 인해 지난 수십 년간 차가운 청량 음료나 캔 음료가 아시아의 전통적인 따뜻한 음료보다 더 많이 소비되고 있다.

말레이시아는 이슬람 국가로 알코올 음료가 금기시 되었다. 그러나 초기 중국 노동자들이 들여온 증류주와 중국 술의 역사는 매우 길다. 무슬림을 위한 레스토랑에서는 주류를 팔지 않지만 다른 음식점은 맥주나 와인, 칵테일, 증류주 등을 판매한다.

맥주는 싸고 쉽게 살 수 있어 대중적이지만 와인은 부유층에서나 소비한다. 1990년 이후로 와인 세금이 대폭 내리면서 와인 소매상이나 와인 수입상들은 기대가 컸다. 실제로 인접한 태국과 비교하면 말레이시아의 와인 세는 이슬람 국가로서는 매우 낮은 편이다. 그러나 소비가 늘어날 것이라는 예측과는 달리 쿠알라룸푸르에 진출한 많은 싱가포르 수입상들은 지난 10여 년간의 와인 시장 신장세에 실망을 나타내고 있다.

페라나칸 음식과 와인 대조표

음식의 향미		와인의 성격		음식의 미감	
• 짠맛	●●●●◐	• 당도	드라이, 오프 드라이	• 무게/풍부함	●●●●◐
• 단맛	●●●●◐	• 산도	●●●●○	• 기름기	●●●●○
• 쓴맛	●○○○○	• 타닌	●●●○○	• 질감	●●●○○
• 신맛	●●●●●	• 바디	●●●●○	• 온도	●●●●○
• 스파이스	●●●●●	• 향미의 강도	●●●●◐		
• 감칠맛	●○○○○	• 피니시	●●○○○		
• 향미의 강도	●●●●●			낮음 ●●●●● 높음	

왼쪽: 사테Grilled satay   위쪽: 과일 주스 노점

와인과 페라나칸 음식

최고의 논야 음식은 말라카나 쿠알라룸푸르의 비좁은 동네 식당이나 거리 노점에서 찾을 수 있다. 이런 장소에서 와인을 마시는 것은 상상할 수 없는 일이다. 거기에다 페라나칸 음식의 향미는 강하고 얼얼하며 짜고 스파이시하다. 또 코코넛 밀크의 미묘한 단맛과 레몬 그라스나 카피르 잎 향이 기본적으로 스며 있다. 섬세한 질감의 해산물 등 신선한 식재료와 강한 향미가 조화를 이루고 있는 이런 특이한 음식과 장소에 맞는 와인을 찾기는 어려운 일이다.

노점에서 먹는 간단한 식사에는 차게 식힌 단순한 로제나 상큼한 소비뇽 블랑이 그나마 어울린다. 요즈음은 스크루 캡이나 상자로 포장된 와인도 생산되어 친구들과 나누어 마시기에 좋다. 이런 곳에서는 신선한 산미가 있으며 단순하지만 향기로운 미디엄 바디 화이트나 로제가 어울린다. 세계적으로 유명한 프로세코나 포도향의 가볍고 달콤한 아스티는 깔끔한 스파클링 와인이다. 호주와 뉴질랜드, 캘리포니아의 스파클링 와인도 좋다. 가볍게 마실 수 있고 노점의 분위기에서 즐길 수 있는 재미를 주는 와인을 선택해야 한다.

고급스러운 장소에서는 고급 와인이 당연히 어울린다. 식사는 천천히 시간을 두고 나오며, 알맞게 세팅된 테이블과 잔도 고급 와인을 마실 분위기를 만든다. 현대적으로 바뀐 편안한 현지 음식점들도 와인 시장의 성장에 일조를 하고 있다. 고품질의 레드 또는 화이트가 음식과 멋지게 어울린다. 타닌이 적거나 중간쯤 되는 피노 누아나 과일향 메를로는 스파이스에 쉽게 눌리지 않는다. 화이트와인은 라임 향의 리슬링이나 감귤 향의 슈냉 블랑Chenin Blanc, 복숭아나 넥타 향의 샤르도네 등 과일향이 강한 와인이라야 한다. 현지 음식과는 와인의 산미가 단단할수록 와인의 과일향이 상승되며, 음식을 먹는 사이에 입을 씻어 주어 미감을 새롭게 해준다.

페르나칸 음식과 완벽한 매칭을 이루는 와인은 거의 없다. 양념은 물론 음식 자체도 강한 향미를 지녀 와인을 쉽게 압도하기 때문이다. 서양 음식과 와인 매칭처럼 서로 보완하거나 풍미를 향상시키는 경우는 드물다. 그러나 어떤 와인은 대조되는 향미로 음식과 더불어 가기도 하고, 상쾌한 느낌을 주거나 음식 고유의 향미를 끌어내는 와인도 있다. 음식에 약간 단맛(코코넛 밀크나 야자 설탕)이 있기 때문에 오프 드라이 와인이나 미디엄 스위트 와인이 음식의 가벼운 단맛을 향상시킨다. 만약 아주 매운 음식이 당기면 고추가 든 음식과 타닌이 강한 와인을 마셔보라. 입 속이 활활 타는 만족스런 경험을 할 수 있을 것이다. 다음에 추천하는 와인은 음식과 완벽하게 매칭이 된다기보다는 비교적 잘 어울리는 와인을 선정했다.

논야Nonya 음식의 역사는 동남 아시아의 무역과 함께 발전했다. 15세기와 16세기에 중국 상인들이 말레이로 이주할 때 여성은 출국이 허용되지 않았으며 개척 중국인들은 현지 여성들과 결혼했다. 말라카에서 시작한 이주 가족들이 결속하고 숫자가 늘어나며, 페라나칸 또는 논야라는 독특한 음식 문화가 발전하게 되었다. 이주민 남자는 바바스Babas, 여자는 논야Nonya라 불렸다. 말레이 반도의 서해안을 따라 산재한 중요한 전략적 지역들은 아라비아나 인도, 유럽 음식의 영향을 쉽게 받아들였다. 가까운 고향인 중국과 인도네시아, 버마, 태국에서 들여온 요소들도 많다. 이런 다양한 문화와 인종의 결합이 불같이 맵고, 얼얼하며 신맛이 나는 논야 음식을 만들어 냈다.

오른쪽: 논야 락사Nonya laksa

대표 음식

코코넛 라이스(나시 레막)
Coconut rice with condiments
인도 빵(로티 차나이)
Flaky, layered Indian bread (아래)
커리 파프
Curry puffs

스파이시한 스낵
SPICY SNACKS

특성
• 전분이 재료의 질감과 향미를 감싸며 풍미는 다양하다.
• 스낵은 매운맛이 덜하지만 소스는 강할 수 있다.
• 기름기는 중간에서 많은 편이다.
• 주 식사는 든든하지만 스낵은 그렇게 무겁지 않다.

와인 팁

고려 사항
• 부드러운 스낵에서 스파이스가 강한 스낵까지 다양하므로 와인의 다양성이 필수적이다.
• 과일향의 미디엄 바디 레드나 화이트는 일반적으로 무겁지 않으며 향미가 가득한 스낵과 맞다.
• 스낵은 캐주얼한 분위기에서 즐기므로 단순한 일상 와인이 가장 잘 어울린다.

와인 선택
• 잘 익은 과일향과 신선하고 상큼한 산미가 있는 미디엄 바디 화이트
• 타닌이 부드럽고 활달한 핵과 향을 갖춘 미디엄 바디 레드
• 로제 또는 단순한 스파클링 와인
• 독일이나 알자스의 오프 드라이 화이트는 다양성이 있다. 음식의 약한 단 맛을 끌어내며 맛깔 진 스낵 소와 대비를 이룬다.

추천 와인
• **보완:** 뉴질랜드, 칠레, 호주의 미디엄 바디 피노 누아; 신세계 잘 익은 소비뇽 블랑; 과일향, 오크 향 없는 호주 샤르도네; 여러 가지 알자스 화이트, 특히 게뷔르츠트라미너 또는 피노 그리; 독일 트로켄Trocken 또는 카비넷Kabinett 리슬링; 신세계 스파클링
• **동반:** 남 프랑스 중간 무게 피노 그리조, 로제; 보졸레 빌라주급 Beaujolais Village; 아스티 또는 모스카토 다스티Moscato d'Asti

피할 와인
• 과일향이 은은하거나 부족한 와인은 음식의 스파이스에 쉽게 압도 당한다.
• 오크 향이 너무 강하거나 타닉한 와인은 음식의 스파이스를 더 과장 되게 한다.

고추 삼발 기본 요리
CHILLI SAMBAL-BASED DISHES

특성
- 짠맛과 고추의 매운맛, 라임이나 타마린드의 약간 달고 신맛 등 스파이스 향이 강하다.
- 해산물의 연한 살과 야채와 합하여 강한 향미를 낸다.
- 재료를 튀기면 기름기가 중간에서 약간 많아진다.

와인 팁

고려 사항
- 불같이 매운 음식의 강도를 견디기 위해서는 와인의 강한 과일향이 필수적이다.
- 기름기를 다스리고 음식에 상큼함을 주려면 와인은 산미가 충분해야 한다.
- 스파이시한 음식을 먹으며 미감을 새롭게 하려면 차게 식힌 로제나 스파클링 와인이 좋다.

와인 선택
- 서늘한 지역의 와인으로 타닌이 적당하며 과일향이 나는 라이트 또는 미디엄 바디 레드와인
- 생생한 과일향과 신선한 산미의 드라이 또는 오프 드라이 화이트
- 드라이나 오프 드라이 로제 또는 스파클링 와인

추천 와인
- **보완**: 독일, 알자스, 뉴질랜드의 오프 드라이 또는 미디엄 스위트 와인; 스파클링 와인; 서늘한 지역, 신세계, 오크 향 없는 파삭한 화이트; 뉴질랜드 피노 누아
- **동반**: 로제; 스파클링 와인; 스파클링 쉬라즈; 보졸레 크뤼; 꼬뜨 뒤 론 빌라주Côtes du Rhône Village; 좋은 해의 부르고뉴 레드 또는 화이트; 북부 이탈리아 화이트

피할 와인
- 산도가 낮은 와인
- 미묘하고 섬세한 고급 와인은 고추의 강한 향미에 압도당한다.
- 과일향이 절제된 정교한 와인

대표 음식
가지 삼발
Aubergine with sambal (위)
오징어 튀김 삼발
Fried squid with sambal
새우 삼발(삼발 우당)
Prawns with sambal (아래)

대표 음식

시큼한 생선 요리(이칸 아쌈 파데)
Fish in sour sauce
아쌈 치킨 윙 Asam chicken wings
페낭 누들 수프(아쌈 락샤)
Spicy Penang noodle soup

아쌈(타마린드) 기본의 스파이시하고 새콤한 요리
SPICY AND SOUR, ASAM(TAMARIND)-BASED DISHES

특징
- 신맛이 강하고 스파이시하다.
- 재료는 대부분 해산물이다.
- 아쌈과 함께 고추, 마늘, 심황, 붉은 양파, 생강 등을 사용한다.
- 육수나 수프에도 시고 스파이시한 풍미가 있다.
- 온도는 높다.

와인 팁

고려 사항
- 강한 신맛은 산도가 높은 와인을 필요로 한다.
- 과일향이 충분하고 대담해야 강한 스파이스와 맞설 수 있다.
- 와인의 바디나 무게보다 과일향의 강도와 산미가 더 중요하다.
- 차게 식힌 로제나 스파클링 와인 또는 화이트 와인이 적합하다.

와인 선택
- 모든 타입의 스파클링 와인 또는 차게 식힌 단순한 로제
- 자연 산미가 강한 청포도 품종 와인
- 생생한 과일향의 드라이 또는 오프 드라이 화이트

추천 와인
- **보완:** 드라이, 오프 드라이 독일 리슬링; 드라이, 오프 드라이 알자스 화이트; 루아르 레이트 하비스트late harvest, 스파클링 와인; 서늘한 지역, 신세계, 오크 향 없는 샤르도네
- **동반:** 드라이 로제; 북부 이탈리아 화이트; 잘 익은 소비뇽 블랑 또는 신세계 슈냉 블랑Chenin Blanc

피할 와인
- 시원하고 상큼한 산미가 결여된 와인
- 아쌈의 신맛이 오크의 타닌 성질을 강조하므로 강한 오크 향 와인은 피해야한다.
- 과일향이 절제된 섬세한 와인

스파이시한 육류 바비큐
SPICY BARBECUE MEATS

특성
- 붉은 양파나 마늘, 고추, 라임 잎, 양강근 등을 섞은 스파이시한 양념에 재워 향미가 강하고 진하다.
- 코코넛 밀크나 야자 설탕을 넣어 단맛이 스며 있다.
- 감칠맛은 요리마다 다르다.
- 스파이스가 듬뿍 들어간 진한 육류 요리이다.
- 정향이나 스타 아니스, 카다멈cardamom, 심황, 고수 등 여러 가지 스파이스를 사용한다.

와인 팁

고려 사항
- 육류가 기본 재료이며 향미가 강하기 때문에 진한 풀 바디 레드와인이라야 한다.
- 스파이스 향을 갖춘 레드와인이 음식의 강한 스파이스와 허브 향을 잘 보완할 수 있다.

와인 선택
- 과일향이 응집되고 타닌이 단단한 풀 바디 레드가 잘 어울린다.
- 시라나 그르나슈 등 스파이스 향이 있는 품종이 좋다.

추천 와인
- **보완**: 숙성된 북부 론; 샤또네프 뒤 파프Châteauneuf-du-Pape; 보르도 우안; 숙성된, 신세계, 서늘한 기후, 쉬라즈 또는 카베르네 블렌드; 현대적 토스카나 IGT
- **동반**: 기본 꼬뜨 뒤 론Côtes du Rhône; 알리아니코Aglianico, 프리미티보Primitivo 등 남부 이탈리아 레드; 남 프랑스 쉬라즈 그르나슈 또는 무르베드르Mourvedre 블렌드

피할 와인
- 음식의 무게에 짓눌릴 수 있는 라이트 바디 와인 또는 절제된 와인
- 과일향이 부족한 화이트와인 또는 섬세한 와인

대표 음식

쇠고기 렌당Beef rendang
돼지갈비 튀김
Spicy fried pork spareribs
육류 꼬치구이(사테)
Beef, pork and
chicken satay (위)

대표 음식
양고기 드라이 커리
Mutton dry curry
코코넛 밀크 야채 커리Vegetables
with coconut milk curry (위)
치킨 커리Chicken curry (아래)
말린 생선과 파인애플 커리
Salted dried fish
and pineapple curry

매운 커리
SPICY CURRY

특성
- 냄새와 맛이 강한 풍미 있는 커리이다.
- 기본 재료는 야채와 고기, 해산물, 두부 등 다양하다.
- 보편적인 스파이스는 고추와 심황, 양강근, 레몬그라스, 붉은 양파, 피시 소스 등이다.
- 코코넛 밀크는 커리의 기본 재료로 음식에 무게감과 단맛을 준다.
- 온도는 높다.

와인 팁

고려 사항
- 음식의 강한 아로마에는 그만큼 강렬한 와인이나 또는 게뷔르츠트라미너, 뮈스카 등 아로마가 강한 품종으로 만든 와인이 좋다.
- 커리의 수많은 스파이스와 향미를 이겨내려면 과일향의 강도가 높은 와인이 좋다.
- 음식의 배경을 이루는 코코넛 밀크의 단맛은 오프 드라이 스타일 또는 달콤한 바닐라 오크 향 와인과도 잘 어울린다.

와인 선택
- 잘 익은 미디엄 바디 이상의 활달한 과일향 아로마 화이트
- 음식의 스파이스와 대조되는 오프 드라이 또는 레이트 하비스트 화이트
- 음식의 진하고 단맛을 반영할 수 있는 오크 향 풀 바디 화이트
- 적당한 타닌과 당도가 있는 잘 익은 과일향 레드와인이 육류 커리와 어울린다.

추천 와인
- **보완:** 게뷔르츠트라미너, 리슬링, 뮈스카, 비오니에, 소비뇽 블랑 등 아로마 품종; 독일 카비넷Kabinett 또는 단순한 오프 드라이 QbA; 알자스 레이트 하비스트late harvest; 신세계, 과일향이 풍부한 오크 향 샤르도네; 리오하 레세르바Rioja Reserva; 신세계, 과일향 피노 누아, 메를로 또는 시라
- **동반:** 피노 그리/그리조; 단순한 꼬뜨 뒤 론; 발폴리첼라Valpolicella 또는 돌체토Dolcetto 등 과일향 이탈리아 영 레드; 과일향 로제

피할 와인
- 내성적 스타일 와인은 음식의 강한 풍미를 이기지 못한다.
- 커리와 스파이스에 묻혀버리는 가볍고 은은한 와인

페라나칸 음식과 어울리는 지니의 5대 추천 와인
Jeannie's Top 5 for Peranakan Cusine

1 영 꼬뜨 뒤 론
- Crozes-Hermitage, Domaine de Thalabert, Rhône, 프랑스
- Cairanne Haut Coustias, Domaine de l'Oratoire St Martin, Rhône, 프랑스
- Côtes du Rhône, Chateau de Fonsalette, Rhône, 프랑스

2 신세계 메를로
- Haan Merlot Prestige, Haan Wines, Barossa Valley, 남호주
- Merlot 20 Barrels, Cono Sur, Colchagua Valley, 칠레
- Merlot, Leonetti Cellar, Columbia Valley, Washington State, 미국

3 신세계 쉬라즈
- Emily's Paddock Shiraz, Jasper Hill, Central Victoria, Victoria, 호주
- Langi Shiraz, Mt Langi Ghiran, Yarra Valley, Victoria,
- Eisele Vineyard Syrah, Araujo Estate, Napa Valley, California, 미국

4 신세계 소비뇽 블랑
- Sauvignon Blanc, Cloudy Bay, Marlborough, 뉴질랜드
- Sauvignon Blanc, Villa Maria, Marlborough, 뉴질랜드
- Sauvignon blanc, Ashbrook Estate, Margaret River, 서 호주

5 독일 리슬링
- Brauneberger Juffer-Sonnenuhr Riesling Auslese, Max Ferdinand Richter, Mosel, 독일
- Kiedricher Grafenberg Riesling Auslese Gold Capsule, Robert Well, Rheingau, 독일
- Scharzhofberger Riesling Kabinett, Egon Muller, Mosel, 독일

"통치자에게는 백성이 하늘이지만 백성들에게는 음식이 하늘이다."

중국 속담

싱가포르

Chapter 10

10 CHAPTER 싱가포르

소개

인구 520만
음식 싱가포르식; 중국, 말레이, 인도, 페라나칸, 인도네시아, 유럽의 영향을 받은 독특한 음식
대표 음식 칠리 크랩, 페퍼 크랩, 새우 누들 수프, 생선 머리 커리, 볶음 쌀 국수, 돼지 갈비탕(바쿠테), 싱가포르식 하이난 치킨 라이스
와인 문화 아시아에서 가장 성숙한 와인시장으로 와인 애호가와 전문가들의 네트워크가 활발하다.
수입세 병당 US $5 정도 + 7퍼센트 부가가치세

문화적 배경

싱가포르는 세계에서 가장 효율적으로 운영되는 도시다. 깨끗한 도로부터 높은 위생 수준까지 유능한 정부의 손길이 곳곳에 나타난다. 나라의 크기가 작고 시대에 따라 빠르게 움직이는 싱가포르인들의 기민성과 함께, 역사적 상황과 지리적 위치도 성공의 비결로 꼽을 수 있다. 1819년에는 토마스 스탬포드 래플스Thomas Stamford Raffles 경이 자유 무역항을 설립하여 도시가 붐비게 되었으며 1824년에는 공식적으로 영국 식민지가 되었다.

자유항 싱가포르는 인도양과 남중국해 사이의 좁은 해협에 자리잡고 있다. 1800년 중반에 상선이 정기적으로 오가게 된다. 이 시기에 중국과 무역을 독점하고 있던 동인도 회사가 해체되면서, 싱가포르의 무역은 외국과 영국의 다른 회사들로 확장되었다. 1869년 수에즈 운하가 개통된 후에는 유럽과 아시아를 잇는 주요 무역항으로 더욱 더 활기를 띠게 되었다.

경제 발전과 발 맞추어 주로 이민으로 구성된 인구도 늘어났다. 19세기에는 중국과 유럽, 인도, 말레이에서 이주한 사람들이 이민의 대부분을 이루었다. 이들 중심 그룹과 함께 중국 복건성 출신 호키엔Hokkiens과 광동성 동부 출신 테오츄Teochews들이 가장 큰 지역 사회를 이루었다. 요즈음도 차이나타운과 리틀 인디아, 말레이 구역인 캄퐁람Kampong Lam등이 남아 있다.

2차 대전중이었던 1942년 초에는 일본의 점령으로 싱가포르의 경제는 피폐되었다. 항구와 항만 시설이 파괴되고 무역도 중

앞 페이지: 싱가포르, 라이언 시티the Lion City
위쪽: 래플스 호텔Raffles Hotel   오른쪽; 보트 키Boat Quay

단되었으며 싱가포르는 전후 잠시 영국 통치하로 돌아갔다. 1955
년에는 인민행동당People's Action Party의 리콴유Lee Kuan Yew가
독립에 성공하며 최초의 싱가포르 수상이 되었다. 1960년대 2년
동안은 말레이시아 연방의 일원이 되었으나, 경제 및 종족 간 분
쟁으로 연맹이 깨지고 1965년에 싱가포르는 독립 공화국이 되
었다.

　세계 경제에 대한 리콴유의 선견지명과 지도력으로 자원이 전
혀 없는 도시 국가는 아시아의 성공한 네 호랑이 중 하나로 우뚝

서게 되었다. 산업은 무역을 중심으로 금융과 은행, 관광, 기술
등 부가가치가 높은 분야로 확장되었다. 서울보다 조금 큰 700
평방킬로미터 면적에 인구 5백만 명이 안 되는 작은 나라가 이룬
업적으로는 대단하다. 1인당 소득이 아시아에서 가장 높으며 세
계에서 가장 안전한 도시라고 할 수 있다. 여러 문화를 포용하고
공식 언어도 북경어(만다린)와 말레이어, 타밀어, 영어 등 네 개나
된다. 이런 풍부함과 다양성은 다문화적인 음식에도 반영되어 싱
가포르 고유의 요리로 발전되어 왔다.

음식과 식문화

싱가포르인들은 거의 모두가 미식가라 자칭하며 대부분의 아시아인들도 이에 동의한다. 지금은 인터넷이나 블로그를 대다수가 사용하지만, 그 이전에도 싱가포르에는 음식이나 와인에 대한 인쇄물들이 곳곳에서 발간되었다. 요즘도 일간 신문들은 음식과 와인에 대한 기사에 상당한 지면을 할애하고 있다. 이 도시는 중국과 인도, 말레이, 인도네시아, 유럽 등 모든 이민 그룹의 요리 전통을 포용하는 기민성을 보인다. 중국과 말레이가 융화된 페라나칸Peranakan 문화도 두드러진다. 이들은 초기 중국 이민 남자와 현지 말레이 여자가 결혼하여 낳은 후손들로 토생 화인Straits Chinese이라 불리기도 한다. 싱가포르 음식은 이들 이민 그룹 중 하나 또는 둘 이상에 뿌리를 두고 있다.

싱가포르 음식은 동남 아시아의 퓨전 음식 중 최고로 꼽힌다. 예를 들면 인도 스파이스는 태국 코코넛과 합하여, 광동식의 뜨거운 웍wok에 볶는 복건식 노랑면과 만나고, 페라나칸식인 라임과 고추 삼발sambal 소스가 함께 나온다. 대부분 음식은 동네 거리를 다니던 손수레에서 파는 대중적인 스낵에서 진화했다. 수레가 노점으로 바뀌며 인도식의 로티 프라타stuffed roti prata(전병), 나시 레막nasi lemak(코코넛 라이스), 사테satay(꼬치구이), 호키엔 미Hokkien mee(노랑면) 등 여러 주요 일상 음식을 팔게 되었다.

싱가포르 정부가 엄격한 위생 기준을 정하여 시행하면서 1980년대 후반에는 노점이 거의 실내로 들어가게 되었다. 정부의 보호와 비교적 낮은 집세로 US $2~3에도 배부르고 맛있는 식사를 냉방 시설이 된 깨끗한 식당에서 먹을 수 있게 되었다. 100여 곳이 넘는 노점 센터에서 입맛대로 음식을 고를 수 있어 외식이 집에서 먹는 밥보다 더 싸기

싱가포르 음식과 와인 대조표

음식의 향미		와인의 성격		음식의 미감	
• 짠맛	●●●●○	• 당도	드라이, 오프 드라이	• 무게/풍부함	●●●●○
• 단맛	●●●●◐	• 산도	●●●●○	• 기름기	●●●●○
• 쓴맛	●○○○○	• 타닌	●●○○○	• 질감	●●●○○
• 신맛	●●●●○	• 바디	●●●●○	• 온도	●●●●○
• 스파이스	●●●○○	• 향미의 강도	●●●●●		
• 감칠맛	●●○○○	• 피니시	●●●○○		
• 향미의 강도	●●●●◐				

낮음 ●●●●● 높음

도 하다. 정부는 이런 특별한 환경을 최대로 이용하여 음식 관광을 장려하고, 음식과 와인 전시회나 세계미식가 정상모임World Gourmet Summit 같은 이벤트도 만들어 관광 수입을 올리고 있다.

싱가포르에는 각기 고유한 성격을 지닌 레스토랑 구역이 있다. 예를 들면 싱가포르 강가의 보트 키Boat Quay나 클라크 키Clarke Quay에는 창고를 개조한 음식점이나 바, 클럽들이 줄지어 있다. 도시 안쪽에 있는 차임즈Chijmes는 수도원을 복구한 건물과 주위에 고급 레스토랑, 바들이 골고루 구색을 갖추고 있다. 귀화한 외국인들의 거주지인 홀란드 빌리지Holland Villages의 멋진 서양 음식점이나 바에서는 느긋한 분위기를 즐길 수 있다. 이스트 코스트The East Coast는 해산물 애호가들의 거리로 레스토랑마다 다르게 요리하는 싱가포르 칠리 크랩chilli crab의 고유한 맛을 즐길 수 있다.

이 도시는 결점을 장점으로 바꾸는 재주가 있다. 자연 자원이 거의 없어 거의 모든 식재료를 수입해야 하지만 요리사들은 놀랄 만큼 다양한 재료를 공수한다. 이기Iggy 레스토랑 경영자인 이그나시어스 찬Ignatius Chan은 효율적인 공급 체인이 중요하다고 말한다. 신선한 일본 참치나 횟감은 매일 좋은 품질의 재료가 규칙적으로 반입되며 냉장이 잘 된 상태로 운송되고 보관된다. 대표적 요리인 칠리와 페퍼 크랩chilli and black pepper crab의 재료인 게는 스리랑카나 베트남 또는 필리핀에서 수입된다.

바다에 둘러싸인 섬이기 때문에 새우 볶음 국수, 아쌈 생선머리 커리asam fish head curry, 파삭한 오징어 튀김sotong 등 어떤 요리에든지 해산물이 주재료로 쓰인다. 진한 복건식 소스로 만드는 호키엔 미Hokkien mee는 오징어와 새우, 야채와 브라운 소스를 푸짐하게 넣고 익히는 국수이다. 싱가포르인 중 다수가 복건성 출신이지만 호키엔Hokkien 전문 레스토랑은 아주 적다. 그러나 싱가포르 스프링 롤인 포피아popiah나 복건식 돼지 갈비탕 바쿠테Hokkien bak ku teh 등은 호키엔의 영향을 뚜렷하게 받은 노점 음식이다.

지역 음식은 값이 싸고 질이 좋기 때문에 고급 음식점에서는 가격이나 양에서 이를 따라갈 수 없다. 따라서 멋진 레스토랑에서는 현지 음식을 거의 찾아볼 수 없으며 대부분 고급 식당은 유럽식으로 꾸미고 테이블에는 와인이 눈에 띈다. 수십 년 전에는 고급 레스토랑이 호텔에만 있었지만 개인 레스토랑도 빠르게 고급화되고 있다. 1990년 이래로 싱가포르의 레 자미Les Amis와 군터Gunther's, 이기Iggy's 등은 세계적인 레스토랑의 반열에 올랐다. 다문화를 개방적으로 받아들여 요리에 반영하는 재능 있는 셰프들은 아시아인들의 관심을 끌고 있다. 자스틴 쿠에크Justin Quek는 중국에 조리법을 역수출하는 싱가포르의 뛰어난 셰프이다. 그는 아시아의 맛과 프랑스 요리를 결합시켜 맛이 좋으면 수용하는 싱가포르인들의 음식에 대한 개방적이고 현실적인 태도를 그대로 보여준다.

왼쪽: 양념과 스파이스   오른쪽: 클라크 키의 레스토랑들

요리

싱가포르 음식은 말레이와 인도, 중국, 페라나칸의 영향이 뒤엉켜 색다른 조화를 이룬다. 국수처럼 단순한 재료에도 심황, 타마린드, 고추, 양강근 등을 넣으면 말레이식도, 인도식도, 중국식도 아닌 싱가포르 고유의 음식이 된다. 전통적 음식은 주로 페라나칸 또는 논야 음식으로 코코넛 쇠고기 렌당beef rendang, 새우 삼발sambal prawns, 아쌈 생선머리 커리asam fish head curry 등이다.

싱가포르에서는 한 음식점에서 여러 곳의 대표적 음식을 파는 경우가 많다. 호텔 커피 숍이나 푸드 코트, 지역의 전통적 카페테리아 코피티암kopitiams에는 다양한 종류의 음식이 구비되어 있다. 노점은 더 전문화되어 있다. 돼지 갈비탕bak kut the이나 누들 수프laksa, 새우 누들 수프prawn mee를 먹으러 노점 안내 책자인 마칸수트라Makansutra까지 들고 노점을 찾는다.

싱가포르 요리는 수많은 중국 지역의 음식 스타일과 조리법을 기본으로 한다. 복건성 출신 싱가포르인이 가장 큰 집단이지만 호키엔 음식만 만드는 음식점은 한정되어 있다. 가장 세련된 중국식은 광동식이며 사천성Sichuan, 상하이Shanghainese, 동부 광동성 지역 테오츄Teochew가 뒤따른다. 그러나 광동식의 진수를 보여주는 음식점에도 고추, 간장 소스가 식탁에 놓인다. 강하고 활달한 풍미에 배인 싱가포르인들에게는 고추 간장이나 고추 삼발sambal과 같은 소스는 매일 식사에 빠질 수 없다.

싱가포르에는 중국 각 지역의 음식들도 많다. 어육과 야채로 소를 넣은 두부(용토푸yong tau foo)나 하이난 치킨 라이스 등은 원조 중국식보다 향미가 더 강하다. 싱가포르식은 하이난식과는 달리, 매운 고추가 들어가고 더 검고 향미가 강한 블랙빈 소스를 넣어 닭을 요리한다.

논야Nyonya는 상류 계층의 말레이 여자를 부르는 존칭어이며 토속 음식을 뜻하는 페라나칸과도 동의어로로 사용된다. 웍wok을 사용하며 중국과 말레이시아의 재료와 조리법이 혼합된 스타일이다. 굴 소스(중국 영향)에 코코넛 밀크와 볶은 땅콩을 섞거나 새우 페이스트 벨라칸belacan에 생강과 마늘과 섞는 조합이다. 오탁오탁otak-otak은 코코넛 기본의 생선 요리로, 흰살 생선을 코코넛과 양강근, 고추장, 허브로 양념을 하여 어묵을 만들어 바나나 잎에 싸서 불에 굽는 전통적 페라나칸 음식이다. 블루 진저Blue Ginger 같은 멋진 레스토랑에서는 전통적 논야 음식도 노점 못지않게 맛있게 만들어 서빙 한다는 것을 보여준다.

인도인은 전인구의 10퍼센트 이내지만 오래 전부터 이주하여 음식에 강한 영향을 주었다. 싱가포르 인도인의 대부분은 인도의 남부 타말Tamils이나 스리랑카에서 왔다. 인도 남부 스타일로 바나나 잎에 음식을 담아 먹는 레스토랑도 많다. 접시 대신 바나나 잎에 밥을 놓고 얇고 바싹한 빵 빠빠덤pappadom이나 치킨 또는 새우 마살라masala, 야채 절임이나 커리 등을 얹어 먹는다. 전통적으로 식사는 손으로 하지만 싱가포르에서는 포크와 스푼을 자주 사용한다.

위쪽: 아쌈 생선 요리Asam fish   오른쪽: 소매상에 진열된 와인

음료와 와인 문화

음료는 늘 관습적으로 먹는 음식에 맞게 선택하게 된다. 예를 들면 인도 음식과는 소금을 넣어 간간하게 하거나 설탕을 넣어 달콤하게 만든 라씨lassi(요구르트 음료)를 마신다. 페라나칸 음식과는 신선하고 어린 코코넛 주스나 과일 주스를 마시며 중국 음식에는 따뜻한 차가 나온다. 열대성 기후라 요즘은 청량 음료와 캔 주스 등 시원한 음료가 대중화되었다.

알코올 음료 중에는 향기로운 코코넛 나시레막nasi lemak과 잘 어울리는 맥주가 주류를 이룬다. 타이거Tiger는 싱가포르 맥주 중 가장 유명한 상표로 70년 역사를 자랑하며 아시아 7개 국가에서 생산하고 60여 개 국가에서 소비된다. 맥주는 알코올 도수가 낮고 시원하며 비싸지 않아 1980년대 초 와인이 맥주 시장을 잠식하기 전에는 무조건적인 선택이었다.

1970년대 초기에는 몇 개의 큰 주류상만 와인을 수입했다. 이 시기는 와인 생산자들이 직접 현지 수입상이나 판매상을 찾아다니며 구매를 설득해야 했다. 그러나 지금은 오히려 판매상들의 경쟁이 심해지고 와인을 사기 위해 생산자를 방문하고 고급 와인을 할당받으려고 애를 쓴다. 1980년대는 화이트와인이 수입 와인의 대다수를 차지했으나 지금은 반대로 레드와인이 대세를 이룬다. 최근에는 와인 애호가 그룹들도 생기며 와인을 배우기 시작하고 있다.

1990년대는 와인이 싱가포르 인들의 의식에 스며든 시기였다. 레드와인이 건강에 좋다는 매스컴의 영향과 중 상류 레스토랑의 와인 붐으로 더 넓게 퍼지게 되었다. 콜드 스토리지Cold Storage같은 슈퍼마켓은 와인 종류를 늘이고, 고급 와인을 찾는 손님들은 비눔Vinum 같은 와인 숍을 찾았다. 바커스Bacchus 등 와인 상점들이 오차드 로드Orchard Road와 더 키the Quay의 붐비는 거리에 문을 열었다. 그동안 싱가포르 인들의 생활이 윤택해지며 여행도 잦아지고 식사와 함께 와인을 접하는 기회도 늘어났다.

최근에는 아시아에서 가장 와인을 잘 아는 나라로 부상하며 작은 규모의 와인 시음 그룹들이 늘어났다. 이들은 거의 종교적인 열정을 갖고 매주 또는 격주로 만난다. 드레이코트 와인 클럽Draycott Wine Club은 특별히 잘 짜여진 그룹으로 1980년대와 1990년대에 와인 애호가들을 이끄는 횃불 역할을 했다. 미디어도 이들 그룹들과 함께 〈와인과 다인*Wine and Dine*〉, 〈와인 리뷰 *The Wine Review*〉, 〈음식과 와인 아시아*Cuisine & Wine Asia*〉 등을 발간하기 시작했다. 와인은 점점 인기가 올랐으나 아직도 대부분은 서양 레스토랑에 국한되어 있고 현지 음식과 와인 매칭은 걸음마 수준에 머물고 있다.

나라는 작지만 싱가포르는 재능 있고 진취적인 유명한 셰프들을 많이 배출하였다. 샘 리옹Sam Leong은 텔레비전에서 요리를 소개하고 요리 책도 낸 인기인으로, 샥스핀 요리 전문가였던 말레이시아 요리사의 아들이다. 말레이시아에서 온 지미 척Jimmy Chok은 싱가포르에 추종자들이 상당히 많다. 자스틴 쿠에크Justin Quek는 현재 싱가포르에 기반은 없지만 중국과 다른 아시아 도시에 많은 영향을 주었다. 광동식이나 한국식 또는 태국식 요리사들이 주방에서 상대적으로 조용히 일하는 반면, 이들 동남 아시아의 요리 전문가들은 개성적이며 열정적으로 유명 셰프가 될 잠재력을 키우고 있다.

와인과 싱가포르 음식

싱가포르 음식의 대담하고 강렬한 풍미는 와인과 매칭이 상당히 까다롭다. 혀를 마비시키는 스파이스나 고추의 얼얼한 맛뿐 아니라 새우나 멸치 젓갈anchovies의 짠맛, 코코넛이나 야자 설탕gula malak의 단맛, 라임이나 타마린드의 신맛 등이 함께 어울린다. 이런 요소가 입맛을 돋게 하며 즐길 수는 있지만 와인의 은은한 풍미가 비집고 들어갈 틈이 거의 없다. 음식만큼 와인도 사랑하는 애호가들은 이런저런 음식과 와인 매칭을 시도도 해보고 실패도 해보며, 우연히 멋진 조합을 찾아내면 만족스러운 미소를 짓기도 한다.

노점 센터나 푸드 코트의 현지 음식은 맛은 최고이지만 와인을 마시며 즐길 분위기는 아니다. 현대적인 몇 곳 정도에서나 와인을 비치하고 잔과 얼음 통, 오프너 등을 구비하고 있다. 애호가들은 와인 매칭 실험을 주로 집에서 하게 된다. 다행히도 싱가포르는 집들이 도쿄나 홍콩보다는 넓어 열정적인 와인 애호가들이 집에서 와인을 즐기는 추세가 늘어나고 있다. 한상 차림 식탁과 한 접시의 음식을 같이 나누어 먹는 식습관도 특정 음식과 와인을 매칭하기 어렵게 한다. 그러나 현지 음식과 와인을 매칭할 때는 스파이스를 부드럽게 하거나(입을 얼얼하게 하는 고추는 넣지 않는다든지) 한꺼번에 2~3개 이상 요리는 내지 않는다든지, 또는 가벼운 음식부터 차례로 서빙하는 등 와인을 즐길 수 있는 방법을 생각해야 한다.

설탕을 넉넉하게 넣는 음식에는 오프 드라이나 미디엄 스위트 와인이 스파이스를 감싸며 음식의 단맛도 더 향상시킨다. 독일 리슬링이나 오프 드라이 알자스 화이트, 모스카토 다스티Moscato d'Asti 등을 차게 식혀 서빙하면 얼얼한 입을 시원하게 씻어주며 강한 산미는 음식의 스파이스와도 균형을 이룬다. 와인의 중심이

되는 과일향이 활달하고 두드러져야 음식의 강렬한 향미와 맞설 수 있다. 과일향이 적으면 중성적인 성격으로 음식과 동반할 수는 있지만, 음식 맛을 보완하거나 향상시키지는 못한다.

싱가포르 음식에는 스파클링 와인이 산뜻하고 멋진 친구가 될 수 있다. 단순한 향미의 이탈리아 프로세코Prosecco나 독일 젝트Sekt, 신세계 스파클링은 스파이스가 강한 음식에 좋다. 음식의 스파이스와 풍미가 과도하지 않으면 풀 바디 스타일의 샴페인도 잘 어울린다. 시원한 산미를 갖춘 단호한 스타일의 뉴질랜드 리슬링이나 잘 익은 소비뇽 블랑(풀이나 과일향보다는 패션프루트 향)은 페라나칸 음식과 좋은 짝이 될 수 있다.

레드와인 애호가들에게는 타닌이 적당하고 과일향이 나는 레드가 음식의 진한 소스와도 잘 어울려 선택의 폭을 넓혀준다. 서늘한 지역의 레드와인은 산미가 강하여 스파이시한 음식과 어울린다. 피노 누아는 여러 가지 싱가포르 음식과 잘 맞다. 특히 뉴질랜드와 호주 서늘한 지역의 피노 누아는 과일향이 뚜렷하고 타닌이 적당하며 신선한 산미가 있어, 풍미 있는 음식과도 멋진 대조를 이룬다. 알코올이 높거나 타닉한 레드와인과 어울리는 싱가포르 음식은 별로 없다. 타닌이 낮은 가메Gamay로 만든 보졸레, 또는 돌체토Dolcetto를 약간 차게 식히면 향미가 가득하고 스파이시한 요리에 좋은 동반자가 된다.

식탁에 차려진 모든 음식과 어울리는 와인 한 병을 찾기는 어렵지만 가장 강한 향미의 음식과 맞는 와인을 찾으면 선택의 폭이 넓어진다. 다음에 제시하는 와인들은 와인 매칭의 긴 여정의 시작에 불과하며, 현지 음식에 어울리고 애호가들이 선호하는 스타일을 찾아본 것이다.

오른쪽: 칠리 크랩

풍미 있는 스낵
SAVOURY SNACKS

특성
- 향미는 비교적 온건하며 풍미가 감돈다.
- 육류로 스낵 속을 넣는 것이 보편적이나 해산물과 야채도 넣는다.
- 튀김 스낵은 기름기가 적당하거나 많은 편이다.
- 단맛이 도는 간장 소스, 고추 소스 등 소스는 일반적으로 강하다.

와인 팁

고려 사항
- 활달한 과일향의 미디엄 바디 와인이 풍미 있는 스낵 속과 강한 소스를 지탱할 수 있다.
- 기름기를 제어하려면 와인의 산도가 높아야 한다.

와인 선택
- 잘 익은 과일향과 신선하고 파삭한 산미의 미디엄 바디 화이트
- 과일향 중심의 타닌이 있는 상큼한 라이트나 미디엄 바디 레드
- 로제 또는 전통적 방식의 풀 바디 스파클링 와인
- 독일이나 알자스의 오프 드라이 화이트는 음식의 단맛을 끌어내며, 풍미 있는 스낵의 소와도 대조되어 좋은 선택이 된다.

추천 와인
- **보완**: 부르고뉴 빌라주, 프르미에 크뤼 급 화이트 또는 레드; 미디엄이나 풀 바디 루아르 화이트; 그라브 크뤼 클라세 화이트; 오스트리아 그뤼너 펠트리너 스마라그드Grüner Veltiner Smaragd; 독일 트로켄Trocken, 카비네트Kabinett 또는 슈패트레제Spatlese; 리아스 바이사스Rìas Baixas; 신세계 피노 누아; NV 삼페인
- **동반**: 알자스 드라이, 라이트 바디 피노 블랑; 동북 이탈리아 상큼한 드라이 화이트; 보졸레 크뤼Beaujolais cru; 남부 프랑스 드라이 로제; 스파클링 와인

피할 와인
- 힘이 약하고 산도가 낮은 와인은 음식의 비교적 높은 기름기를 이기지 못한다.
- 오크 향이 과도하거나, 타닌이 많거나 바디가 강한 와인은 음식을 압도한다.

대표 음식

스프링 롤Fried spring rolls
굴 전Oyster omelette
소를 넣은 크레페(포피아)
Crepe filled rolls (위)
소를 넣은 인도 빵(무르따박)
Stuffed Indian bread
객가식 두부(용토푸)
Hakka stuffed beancurd

스파이시한 해산물
SPYCY SEAFOOD

특성

- 고추의 강하고 불같은 매운맛과 삼발sambal 소스가 신맛과 얼얼한 맛을 보탤 수 있다.
- 부드러운 생선살과 강하고 도발적인 향미가 합하여 풍미가 있다.
- 해산물 튀김은 기름기가 적당하거나 약간 높다.
- 가벼운 해산물 식재료와 강한 스파이스의 조합이다.

와인 팁

고려 사항

- 강한 산미의 활달한 과일향 와인이 음식의 스파이스를 이긴다.
- 차게 식힌 레드 또는 화이트와 스파클링 와인이 시원하게 씻어주는 느낌을 준다.

와인 선택

- 와인의 바디는 약하고 산미는 살아있어야 하므로 모든 종류의 스파클링 와인이 잘 맞는다.
- 리슬링 또는 오크 향 없는 소비뇽 블랑 등 자연 산도가 높은 품종이 매칭이 잘 된다.
- 레드와인은 서늘한 지역의 산미가 있고 구조가 단단한 와인이 좋다. 타닌이 부드러운 레드를 차게 식히면 시원하게 마실 수 있다.

추천 와인

- **보완:** 독일, 알자스, 뉴질랜드 오프 드라이, 미디엄 스위트 와인; 스파클링 와인; 신세계 서늘한 지역 오크 향 없는 파삭한 화이트; 뉴질랜드 피노 누아; 보졸레 크뤼Beaujolais cru; 꼬뜨 뒤 론 빌라주Côtes du Rhône Village
- **동반:** 로제; 스파클링 와인; 스파클링 쉬라즈; 그르나슈Grenache 기본 블렌드; 바르베라Barbera; 돌체토Dolcetto

피할 와인

- 타닌이 강한 레드는 음식의 스파이스를 자극한다.
- 섬세한 와인은 스파이스에 쉽게 눌린다.

대표 음식

홍어 삼발 구이
Grilled stingray with sambal

통후추 새우 튀김
Fried peppered prawns (아래)

블랙 페퍼 크랩
Black pepper crab

칠리 크랩
Chilli crab

대표 음식

새우 누들 수프
Prawn noodle soup

코코넛 밀크 누들 수프(락사)
Coconut milk noodle soup (아래)

치킨 누들 수프(소또아얌)
Chicken soup with noodles

매콤새콤한 쌀 국수(미시암)
Rice noodles in spicy soup

향미 있는 누들 수프
FLAVOURFUL NOODLE SOUPS

특성
- 재료가 다양하며 향미와 강도, 풍부함, 질감 등이 모두 다르다.
- 서빙 온도가 높다.
- 수프는 코코넛 밀크가 기본이 되며 가벼운 치킨 수프 또는 매운 고추 수프 등 종류가 많다.
- 국수와 육류, 해산물, 야채 등 여러 가지 재료가 조합된다.
- 간장 소스와 채친 고추, 고추 삼발sambal 등이 보편적인 양념이다.
- 감칠맛은 중간에서 높은 편이다.

와인 팁

고려 사항
- 와인은 다양성이 있어야 하고 온도는 차야 한다.
- 국물이 향미가 있고 스파이시하므로 과일향의 미디엄 바디 와인이 좋다.
- 음식의 향미와 높은 온도를 견디기 위해서는 차게 식혀 서빙할 수 있는 와인이 최선의 선택이다.

와인 선택
- 강한 산미가 있는 대담한 과일향의 미디엄이나 풀 바디 레드 또는 화이트
- 음식의 무게와 비슷한 풀 바디의 아로마 화이트는 레몬그라스나 고수 등 허브 향을 반영한다.
- 피노 셰리는 특유의 견과류 향을 수프에 더해준다.
- 로제와 스파클링 와인은 다양성이 있다.

추천 와인
- **보완:** 피노 셰리Fino sherry; 꼬뜨 뒤 론Côtes du Rhône 빌라주 또는 뱅 드 페이Vin de Pays 메를로; 신세계 시라 또는 메를로; 뉴질랜드 피노 누아; 캘리포니아 퓌메 블랑Fumé Blanc; 알자스 풀 바디 화이트; 영 꽁드리외Condrieu; 샴페인
- **동반:** 꼬뜨 드 프로방스Côtes de Provence 로제; 프로세코, 젝트, 크레망 등 스파클링 와인; 과일향, 산미가 충분한 신세계 소비뇽 블랑 또는 샤르도네

피할 와인
- 타닌이 높거나 오크 향이 강한 와인은 스파이스를 더 강화시킨다.
- 약하고 섬세한 와인이나 오래 숙성된 와인은 음식의 뜨거운 열과 강한 향미에 쉽게 묻힌다.

볶음 요리
STIR-FRIED DISHES

특성

- 간장을 기본으로 하는 소스로 비교적 짠맛이 난다. 뜨거운 불에 조리해 스모키하며 탄 냄새가 날 수 있다.
- 국수와 야채 위주로 육류나 해산물은 양이 적다. 음식은 든든하지만 무겁지 않다.
- 마늘과 고추, 붉은 양파, 파가 들어가면 짙은 양념 맛으로 풍미가 강해진다.
- 일반적인 양념은 고추 페이스트 또는 간장 소스에 고추를 넣는다.
- 기름기는 많다.
- 감칠맛은 중간 정도이다
- 온도는 높다.

와인 팁

고려 사항

- 강한 산미의 과일향 와인이 기름기와 양념 맛을 통제할 수 있다.
- 양념의 짠맛과 강한 스파이스에는 타닌이 낮거나 중간쯤 되는 레드가 어울린다.

와인 선택

- 비교적 타닌이 부드럽고 산미가 상쾌한 레드와인
- 파삭한 산미의 미디엄, 풀 바디 화이트 와인; 가벼운 오크 향 와인

추천 와인

- **보완:** 신세계 피노 누아; 영 부르고뉴 빌라주급 레드; 북부 이탈리아 과일향 레드; 영 보르도 화이트; 서늘한 기후, 신세계 샤르도네 또는 소비뇽 블랑 세미용 블렌드; 캘리포니아 퓌메 블랑Fumé Blanc; NV 풀 바디 샴페인
- **동반:** 보졸레 크뤼; 남아프리카 가벼운 오크 향 슈냉 블랑Chenin Blanc; 잘 익은 피노 그리조; 스파클링 와인; 남 프랑스 로제

피할 와인

- 음식의 짠 맛과 강한 양념은 타닌이 강한 와인과는 맞지 않는다.
- 가볍고 섬세한 와인은 음식에 쉽게 눌린다.

대표 음식

복건식 볶음면(호키엔미)
Hokkien fried noodles

굵은 볶음 쌀국수(차퀘이티오)
Fried rice flour noodles (위)

가는 볶음 쌀국수(비훈)
Fried rice stick noodles

벨라칸 볶음(캉쿵)
Stir-fried water spinach with belacan

볶음 노랑면(미고랭)
Fried yellow noodles (아래)

전통적인 가금류 요리
POULTRY CLASSICS

특성
- 주재료의 맛은 비교적 중성적이지만 양념과 소스는 적당히 강한 풍미를 갖고 있다.
- 일반적으로 간장 소스가 기본이며 비교적 짠맛이 높다.
- 감칠맛은 적당하며 천천히 조리한 음식은 더 높아진다.
- 기름기는 적당하며 음식은 든든하지만 진하지는 않다.

와인 팁

고려 사항
- 미묘하지만 과일향이 강한 미디엄 바디 와인이 든든한 풍미를 견딜 수 있다.
- 짭짤하며 달콤한 풍미에는 타닌이 낮거나 적당한 와인이 좋다.
- 음식의 기름기는 산미가 충분한 와인을 필요로 한다.
- 숙성된 와인은 감칠맛이 높은 음식과는 훌륭하게 매칭이 된다.

와인 선택
- 높은 감칠맛을 감안하면 어느 정도 숙성된 미디엄 바디 레드와인이 어울린다.
- 화이트 와인은 적당한 바디와 무게감이 있어야 음식과 균형을 이룬다.
- 풀 바디 로제 또는 빈티지 샴페인은 좋은 선택이 된다.

추천 와인
- **보완**: 어느 정도 숙성된 활달한 과일향 부르고뉴; 신세계 고급 피노 누아; 보르도 크뤼 클라세 화이트; 서늘한 기후 신세계 샤르도네; 캘리포니아 퓌메 블랑Fumé Blanc; 풀 바디 빈티지 샴페인
- **동반**: 보졸레 크뤼; 남부 프랑스 로제 또는 그르나슈Grenache 블렌드; 타닌이 적거나 중간 정도의 북부 이탈리아 레드

피할 와인
- 음식의 감칠맛을 방해하는 과도한 과일향 와인
- 농도가 약한 라이트 바디 와인

대표 음식
하이난 치킨 라이스 (왼쪽)
Hainanese chicken rice
로스트 치킨 라이스(나시 아얌)
Roast chicken and rice
테오추식 거위
Teochew braised goose
뚝배기 치킨 라이스
Claypot chicken rice (아래)

육류 국물 요리
MEAT WITH FLAVOURFUL BROTH

특성
• 혼합된 재료를 오래 천천히 익혀 맛있는 감칠맛이 돈다.
• 온도는 높다.
• 육수는 돼지고기와 닭, 양고기 등 다양하다.
• 풍부한 육류를 주재료로 한다.
• 비교적 지방이 많다.

와인 팁

고려 사항
• 온도가 높은 음식에는 상큼한 와인을 시원하게 서빙 해야 한다.
• 강한 과일향 풀 바디 와인이 음식의 풍부함과 맞을 수 있다.
• 시라처럼 스파이스 향과 풍미도 있는 와인은 환상적인 짝이 된다.

와인 선택
• 향미가 대담하며 산미가 충분한 과일향 풀 바디 레드
• 풀 바디 아로마 화이트도 상큼함이 있어 적절한 선택이 된다.
• 오프 드라이나 미디엄 스위트 화이트는 진한 음식에 단맛을 더하여 대조되는 향미를 느끼게 해준다.
• 피노 셰리나 로제, 스파클링 와인은 매칭이 잘 된다.

추천 와인
• **보완:** 남부 론 레드; 숙성된 북부 론 레드; 현대적 스타일 과일향 레드; 서늘한 기후, 신세계 카베르네 소비뇽 또는 시라; 알자스 풀 바디 화이트(드라이 또는 오프 드라이); 부브레이Vouvray 레이트 하비스트
• **동반:** 꼬뜨 뒤 론Côtes du Rhône: 남 프랑스 뱅 드 페이Vin de Pays 풀 바디 레드; 피노 셰리; 로제; 스파클링 와인

피할 와인
• 와인의 서빙 온도가 높으면 입안에서 더운 음식과 함께 더 빨리 데워진다.
• 약하고 섬세한 와인은 음식의 향미에 눌린다.

싱가포르 음식과 어울리는 지니의 5대 추천 와인
Jeannie's Top 5 for Singaporean Cusine

1 남부 론
- Châteauneuf-du-Pape, Domaine du Vieux Télégraph, Rhône, 프랑스
- Châteauneuf-du-Pape, Chateau Rayas, Rhône, 프랑스
- Châteauneuf-du-Pape, La Reine des Bois, Domaine de la Mordorée, Rhône, 프랑스

2 부르고뉴 레드
- Nuits-Saint-Georges 1er Cru Les Damodes, Domaine de Vougeraie, Burgundy, 프랑스
- Savigny Lès Beaune, Domaine Emmanuel Rouget, Burgundy, 프랑스
- Bourgogne Rouge, Domaine Mèo-Camuzet, Burgundy, 프랑스

3 신세계 샤르도네
- Chardonnay, Dog Point, Marlborough, 뉴질랜드
- Chardonnay Mate's Vineyard, Kumeu River, Auckland, 뉴질랜드
- Chardonnay M3 Vineyard, Shaw& Smith, Adelaide Hills, 남아공

4 스페인 화이트
- Albariño, Lagar de Cervera, Rias Baixas, 스페인
- Herederos del, Marqués de Riscal, Rueda, 스페인
- Blanco, Finca Allande, Rioja, 스페인

5 신세계 스파클링
- Brut NV Green Point, Chandon, Yarra Valley, Victoria, 호주
- J Schram Brut Rosé, Schramsberg, Calistoga, California, 미국
- Méthode Traditionelle NV, Quartz Reef, Central Otago, 뉴질랜드

"행복은 생각과 말과 행동이 조화를 이룰 때 온다."

마하트마 간디

뭄바이

Chapter 11

CHAPTER 11 뭄바이

소개

인구 1970만
음식 인도 서부 마하라슈트라와 고아, 구자라트 중심: 북부 무굴식, 인도 남부식, 동부 벵골식
대표 음식 버터 마늘 대게, 채식 쟁반(탈리), 복음밥(비리야니), 생선/병어커리, 튀김 국수 샐러드(벨푸리), 매퉁이 튀김(봄베이 덕)
와인 문화 와인 시장은 1세대도 안된 초기 단계이지만 국내 와인생산이 늘어나고 있다.
수입세 와인과 소비세, 판매세 등을 합하여 약 250퍼센트가 된다.

문화적 배경

뭄바이는 1천여 년 역사의 깊이를 그대로 간직하고 있으며 전 세계에서 찾아볼 수 없는 다채롭고 매혹적인 도시다. 번잡한 콜라바 코즈웨이Colaba Causeway 거리는 쓰러져가는 회색 건물들과 지저분한 길, 슬럼, 눈부시게 채색한 오래된 상점들로 뒤섞여 있다. 우중충한 건물은 알록달록한 빨강, 노랑 문들과 기묘한 대조를 이루며 청록색이나 핑크 사리를 입은 사람들이 바쁘게 오간다. 남자는 틸락tilak으로 여자는 빈디bindi로 이마에 점을 찍고 헤나로 장식을 한다. 현지 음식들은 그림물감으로 물들인 것 같은 각종 색깔의 스파이스를 사용한다. 거리에는 디저트나 간단한 식사가 되는 다양하고 소박한 채식 쟁반 탈리thali도 팔고 있다.

화려한 양탄자처럼 복잡하게 얽힌 역사는 인도가 아시아의 문화와 종교, 철학의 발원지임을 그대로 보여준다. 힌두교와 불교, 자이나교가 일어난 곳으로 정치에서 일상생활까지 종교가 중요한 역할을 한다. 뭄바이는 전략적으로 북부와 남부를 연결하는 중서부에 위치하고 있다. 1천여 년 전 일곱 개의 섬이 힌두 왕국에 정복된 후 이곳은 인도 각지에서 일어나는 정치적 변화에 따라 모습을 달리하며 마침내 오늘의 뭄바이에 이르렀다. 14세기 이슬람의 통치 후 16세기에는 포르투갈이 인도 해안을 따라 무역 기지를 건설했다. 영국은 프랑스와 포르투갈, 네덜란드와 경쟁하다 마침내 봄베이를 통치하게 되었다. 도시는 무역항으로 번창했고 영국 정부의 보호 아래 동인도회사가 설립되면서 거의 250여 년 동안 영국 통치 아래 있었다.

앞 페이지: 뭄바이의 석양
위쪽: 뭄바이 해변 오른쪽: 노점

19세기 초에는 영국이 인도의 대부분 지역을 직간접적으로 지배하고 있었다. 그 유산은 정치나 경제 체제 등 현재 인도의 중심 조직에서 아직도 찾아볼 수 있다. 영어 역시 힌디와 각 주의 언어와 함께 공용 언어로 채택되었다. 19세기 중반부터 일어난 독립 운동이 1947년 결실을 맺어 인도 인구의 대다수를 이루는 힌두인을 중심으로 독립하게 되었다. 이슬람 인구가 다수 있던 동북과 서북부는 방글라데시와 파키스탄으로 나뉘어 차례로 독립했다. 인도는 29개 주와 7개 연방 직할령으로 구성되어 있다.

독립 후 수십 년 동안은 많은 어려움이 있었다. 냉전뿐만 아니라 여러 가지 국제적 문제가 있었지만 실제로 큰 고통은 내부에서 비롯되었다. 2차 대전 후 독립과 함께 나누어진 인공적 국경선으로 수백만 명이 서로 서쪽의 이슬람 지역과 동쪽의 힌두 지역으로 이주하였다. 또한 카시미르(아직도 해결되지 않음)와 방글라데시, 중국과 인접한 북동 지역은 군사 충돌이 잦은 문제 지역이다. 1988년에는 긴장이 극도에 달했고 핵무기도 실험되었다. 핵보유국인 인도와 파키스탄은 이후 상호 무역이 늘어나면서 국교를 맺었으나 아직도 테러리스트의 공격이 종종 일어나는 불안한 상태이다.

1996년까지 봄베이로 불렀던 뭄바이는 무역항으로 시작했으나 지금은 금융과 사교의 중심이다. 인도의 중심 도시로 인종적, 종교적, 정치적 긴장이 분출하는 동안에도 발전의 속도를 늦추지 않고 번창하고 있다. 상징적인 타지마할 팰리스 호텔Taj Mahal Palace Hotel과 오브로이 호텔Oberoi Hotel은 2008년 테러리스트의 공격으로 황폐화되었으나 빠르게 복구되어 한 달이 지나지 않아 곧 문을 열었다. 역동성 있는 이 도시의 중심에는 원기를 회복하는 정신이 살아 있다.

발전하는 현대 도시로서 뭄바이는 모순과 극단을 보여준다. 슬럼이 널려 있는 도시 곳곳에 번쩍이는 높은 건물과 멋진 레스토랑이 공존하며, 수많은 멋진 건축물들이 먼지에 뒤덮여 자태를 감추고 있다. 뭄바이의 사치스런 볼리우드Bollywood(봄베이와 할리우드의 합성어)들은 호화로운 식당에서 웨이터의 1년 수입보다 더 비싼 술을 주문한다. 식사에 1달러도 쓰지 못하는 요리사들은 예술 작품처럼 보이는 고급 요리를 공들여 만들고 있다. 뭄바이에는 끝없는 잠재력이 있으나 현실은 거칠고 가혹하다. 가난과 결핍, 아름다움과 희망이 교차하는 극단적인 모순은 보는 사람들의 마음을 아프게 한다.

음식과 식문화

광활한 인도의 복합적인 요리 전통은 얼핏 보면 각기 다른 식문화가 나라를 분열시키는 것 같기도 하다. 그러나 인도 사람들은 오히려 음식을 즐기며 하나되는 정체성을 느낀다. 뭄바이의 여러 식문화를 묶어 인도 서부식이라고 한다. 뭄바이식과 마하라슈트라(뭄바이를 둘러싼 주 이름)식을 구분하여 설명하려면 책 몇 권으로도 부족하니 별 의미가 없다. 넓은 마하라슈트라Maharashtra 주는 북쪽으로는 구자라트Gujarat, 남쪽으로는 고아Goa, 카르나타카Karnataka 등 여섯 개의 주와 경계를 맞대고 있다. 각 접경 주들도 고유한 음식 전통이 있으며 뭄바이에서도 같은 음식을 찾아볼 수 있다. 마하라슈트라 주는 열대성 기후의 비옥한 해안부터 데칸 고원이 있는 건조하고 척박한 내륙 지방까지 다양한 기후와 토양을 포함하고 있다. 주 수도인 뭄바이는 서해안 지역의 중심에 있으며 마하라슈트라 주의 음식 전통을 모두 포용한다.

마하라슈트라 음식의 역사적인 뿌리는 통치자들이 바뀌면서 수천 년을 내려왔다. 불교의 영향을 받은 초기 역사는 기원 전으로 거슬러 올라간다. 고기보다 주로 곡류를 섭취하는 채식을 선호하는 습관은 이때부터 심어졌다. 또 6세기에서 14세기까지 마하라슈트라는 남부의 강력한 힌두 왕조 영향 아래 있었다. 지금도 인도는 세계에서 채식 인구가 가장 많은 나라이다.

이슬람 술탄들의 지배 하에서는 진한 고기와 과일 스튜, 견과류, 디저트 등을 즐기기 시작했다. 1534년 뭄바이는 포르투갈에 정복되었고 이로부터 130년간 통치를 받았다. 1661년에는 영국 왕 찰스 2세가 포르투갈 브라간자의 카트린느 공주Catherine of Braganza와 결혼함으로써 지참금의 일부로 영국으로 넘어가게 되었다. 19세기에는 마하라슈트라와 뭄바이를 포함한 인도의 대부분이 영국 통치령이 되었다.

이 도시를 스쳐간 방대한 역사와 전통은 식문화에도 분명한 발자취를 남겼다. 힌두교의 영향은 채식 레스토랑과 음식 상점에 그대로 남아있다. 무굴 음식은 뭄바이카르들이 폭넓게 즐기며 인도 음식 중 가장 세련된 음식으로 꼽는다. 케밥kebabs과 비리야니biryani, 진한 커리 등 무굴 요리를 전문으로 하는 고급 음식점도 늘어났다.

인도 서부/해안 음식과 와인 대조표

음식의 향미		와인의 성격		음식의 미감	
• 짠맛	●●●●○	• 당도	드라이, 오프 드라이	• 무게/풍부함	●●●●○
• 단맛	●●●●○	• 산도	●●●○○	• 기름기	●●●●○
• 쓴맛	●○○○○	• 타닌	●●●○○	• 질감	●●●○○
• 신맛	●●●●○	• 바디	●●●●○	• 온도	●●●●○
• 스파이스	●●●●○	• 향미의 강도	●●●●○		
• 감칠맛	●●●○○	• 피니시	●●●○○		
• 향미의 강도	●●●●●			낮음 ●●●●● 높음	

오른쪽: 난naan을 만드는 사람

뭄바이의 음식 전통은 인근 여러 주에서 왔다. 고아Goa의 영향은 돼지고기 커리 빈달루vindaloo와 킹 피시 커리king fish curry에서 찾을 수 있다. 해산물이 풍부한 콘칸Konkan 해변에서는 맛있는 병어pomfret 커리가 인기가 있다. 트리쉬나Trishna와 매헤시 런치 홈Mahesh Lunch Home 같은 음식점은 인도 서부 해안 음식을 대표하며 싱싱한 생선 요리로 유명하다. 구자라트Gujarat에서는 매우 세련된 채식이 발달되었으며, 타커 보자날레Thaker Bhojanalay 같은 최고 레스토랑에서는 50여 년 동안 요리의 비법을 전수하고 있다.

인도 남부의 안드라 프라데시Andhra Pradesh 주에는 인도 왕조 중 하나인 하이더라바디Hyderabadi의 궁중 요리에서 유래한 진한 국물과 뭉근하게 익히는 음식이 유명하다. 바나나 잎에 차리는 다채로운 음식은 이웃 카르나타카Karnataka 주의 영향을 받았으며 밥을 기본으로 하여 채식이나 육식이 포함될 수도 있다. 가끔 야채 커리나 달dahl(익힌 콩류), 코삼바리kosambari(잘게 썬 야채), 싱싱한 야채나 과일, 또는 처트니chutney(과일, 야채로 만든 소스)가 함께 나온다.

뭄바이에서는 여러 지역 스타일의 밥이나 빵을 비롯해 거의 모든 인도 전 지역의 중요한 음식을 맛볼 수 있다. 뭄바이에서야말로 커리라는 단어가 얼마나 일반적인 용어인지를 알 수 있다. 여러 가지 향료를 독특하게 섞어 즉석에서 만들며, 순한 맛에서 강렬한 스파이스까지 각기 다른 풍미가 있다.

1990년 대 초기부터 뭄바이의 레스토랑 풍경은 극적으로 바뀌었다. 그전에는 대부분의 사람들이 주로 패스트푸드점과 거리 노점에서 식사를 했다. 인도의 패스트푸드는 서양의 기름지고 단조로운 패스트푸드와는 다르다. 수천 개의 다바dhaba(스낵 바)와 일상 음식점들이 길거리에 널려 있으며 낮에는 건강에 좋은 도시락 티핀tiffins이나 채식을 기본으로 하는 향미가 가득한 스낵을 판다. 바데미야Bademiya(뭄바이의 유명한 케밥집)와 같이 유명한 노점은 밤낮으로 가득 차고 길거리 자리 역시 항상 만원이라 음식을 사서 차 지붕에 앉아 먹는 사람들을 밤낮으로 볼 수 있다.

일상 음식점과 노점은 셀 수 없을 정도로 많지만 중간 이상이나 고급 음식점은 그리 많지 않다. 그러나 인도의 경제적 발전과 함께 화이트 컬러 직장인들이 늘어나면서 새로운 세대의 레스토랑과 상점들이 생기기 시작했다. 이들은 멋진 분위기와 나무랄 데 없는 와인 리스트를 구비하고 토속 음식을 현대화 하여 고객을 끌어들인다. 레스토랑 인디고Indigo와 포 시즌즈 호텔Four Seasons Hotel의 레스토랑 산 퀴San Qui는 이러한 새로운 트렌드를 반영한다. 고급 레스토랑은 타즈The Taj와 오브로이The Oberoi 그룹의 몇 개 안되는 5성급 호텔에서나 찾을 수 있었다. 지금도 크게 늘지는 않았지만 국제적 수준의 5성급 호텔이 새로 생기면서 고급 음식의 선택의 폭이 조금 늘기는 했다.

뭄바이의 식사는 전통적으로 모든 음식이 한꺼번에 나온다. 궁중 요리나 고급 레스토랑에서는 여러 코스로 나오지만, 이는 특별한 경우에나 즐길 수 있다. 유행의 첨단을 걷는 타즈 팰리스Taj Palace 호텔의 셰프 오브로이Oberoi는 음식을 단품으로 개인 접시에 서양식으로 서빙하는 것이 훨씬 더 대중화 될 것이라고 믿고 있다. 먹고 싶은 음식을 개인의 취향에 맞춰 선택할 수 있기 때문이다. 요즘 셰프들은 스파이스를 줄이고 맛을 부드럽게 하며 주요 식재료의 신선도를 중요시하는 경향이 점점 늘고 있다.

요리

뭄바이 음식은 넓은 의미에서 인도 서부 해안 음식, 또는 마하라슈트라 음식이라고도 한다. 뭄바이가 인도의 서부 해안에 위치하며 마하라슈트라 주의 주도이므로 둘 다 틀린 용어는 아니다. 그러나 이주 노동자나 외국인 또는 여행을 많이 다니는 뭄바이인들이 실제로 즐기는 음식은 인도의 다른 지역에서 온 음식일 수 있다. 뭄바이카르들이 집에서 먹는 음식도 각 집안의 종교와 문화적 배경, 가족의 식습관 등에 따라 크게 달라진다. 외식은 흔히 볼 수 있는 취미 생활이며 푸짐한 음식을 일인당 1달러 이내로 즐길 수 있다.

현지 주민들은 서부 해안 스타일 해산물 요리를 특별히 사랑한다. 대게나 왕참새우, 바다가재와 병어ponnfret, 킹피시 등은 매우 신선하며 버터와 마늘, 후추, 고추 등으로 간단히 조리한다. 해산물은 레스토랑의 주 메뉴이며 타즈 프레지던트 호텔Taj President Hotel의 콘칸 카페Konkan Café에서는 해산물을 오렌지색의 순한 커리 소스에 천천히 익혀 낸다. 뭄바이의 인기 요리인 봄베이 덕duck은 이름과는 달리 말린 생선 튀김이다.

마하라슈트라 음식은 서부 해안 음식과 함께 인도 내륙 지역의 바라디Varadi 식도 포함한다. 이곳에서는 식재료가 신선한 해산물과 코코넛에서 닭고기나 양고기로 바뀌며, 다양한 채식 종류도 있다. 타마린드는 반드시 들어가며 향미는 달고 새콤하며 커리에도 사용한다. 해안 지역에서 신선한 코코넛을 사용하는 대신 코코넛을 갈아 쓰며 땅콩이나 캐슈넛cashew 등 여러 가지 견과류를 넉넉히 넣는다. 마하라슈트라 음식은 동에서 왔든 서에서 왔든 간에, 일반적으로 매우 정제된 건강식이다. 튀김보다는 찜이나 볶음 요리pan-cooking가 많고 스파이스도 절제한다. 마라타 궁중Royal Maratha 요리는 순서와 균형을 중요시하며 상차림도 매우 정갈하다.

마하라슈트라와 서부 해안 음식 외 다른 인도 음식들도 인기가 있다. 뭄바이 사람들이 좋아하는 쌀밥은 인도 남부에서 왔다. 이 지역 음식은 대부분 코코넛과 타마린드가 섞여 맛이 강하고 스파이시하며 시큼한 풍미가 있다. 일상적인 바나나 잎 식사나 맛 좋은 스낵들도 인도 남부 주에서 유래했다. 도사Dosa(쌀가

인도 북부 음식과 와인 대조표

음식의 향미		와인의 성격		음식의 미감	
• 짠맛	●●●●○	• 당도	드라이, 오프 드라이	• 무게/풍부함	●●●●●
• 단맛	●●●○○	• 산도	●●●●○	• 기름기	●●●●○
• 쓴맛	○○○○○	• 타닌	●●●●◐	• 질감	●●●●◐
• 신맛	●●●○○	• 바디	●●●●○	• 온도	●●●●○
• 스파이스	●●●●○	• 향미의 강도	●●●●◐		
• 감칠맛	●●●●○	• 피니시	●●●○○		
• 향미의 강도	●●●●◐				

낮음 ●●●●● 높음

오른쪽: 향신료 시장

루 크레페)나 이들리idli(쌀 발효 빵)는 삼바sambar(야채 스튜)와 처트니chutney(과일 야채 소스) 등과 함께 나오는데, 뭄바이에서 인기 있는 인도 남부 스낵이다. 이웃 남동 해안 안드라 프라데쉬Andhra Pradesh 주의 하이더라바디Hyderabadi식 오븐 요리 비리야니biryani(볶음밥)는 뭄바이의 식당 메뉴에서도 쉽게 찾을 수 있다. 고아Goa의 포르투갈식 빈달루vindaloo(매운 돼지고기 커리)도 사랑을 받고 있다. 남서 케랄라Kerala 주에서 유래된 코코넛 향의 맵고 시큼한 생선 요리는 신선한 해산물을 찾는 애호가들이 많다.

뭄바이의 고급 레스토랑에서는 훌륭한 인도 북부 음식이 점점 인기를 얻고 있다. 북부 지역은 쌀보다는 밀과 육류를 더 많이 먹고 음식이 더 든든하다. 남부 음식은 편안하게 먹는 음식으로 길거리에서나 간편한 식당에서 즐기는 반면, 북부 음식은 모든 음식점에서 찾을 수 있다. 길거리에는 밀로 만든 라자스탄Rajasthan 스낵인 베산besan(콩가루 튀김)이나 바티bati(통밀 경단), 또는 로티roti, 푸리puri, 파라타paratha 등 여러 가지 빵을 판다. 많은 레스토랑은 궁중 음식으로 여기는 무굴Mughul 음식의 영향을 받았다. 대중적인 탄두리tandoori(육류 화덕구이)나 케밥kebabs(꼬치 구이), 코프타koftas(미트 볼) 같은 다양한 음식도 무굴에서 유래했다.

또한 강한 채식 전통이 여러 가지 뭄바이 음식을 하나로 묶어준다. 개별 요리든 한상 차림이든 다양한 야채의 훌륭한 질감과 풍미는 모든 음식점에서 맛볼 수 있다. 채식 인구가 많아 어떤 레스토랑에서도 채식 코너가 있고 따로 채식 메뉴를 구비하고 있다. 육류 요리라도 고기의 양만큼 야채가 곁들여 나오는 것이 일반적이다.

인도 남부 음식과 와인 대조표

음식의 향미		와인의 성격		음식의 미감	
• 짠맛	●●●●○	• 당도	드라이, 오프 드라이	• 무게/풍부함	●●●○○
• 단맛	●●●●○	• 산도	●●●●○	• 기름기	●●●○○
• 쓴맛	○○○○○	• 타닌	●○○○○	• 질감	●●●○○
• 신맛	●●●●○	• 바디	●●●●○	• 온도	●●●○○
• 스파이스	●●●●●	• 향미의 강도	●●●●◐		
• 감칠맛	●○○○○	• 피니시	●●●○○		
• 향미의 강도	●●●●●			낮음 ●●●●● 높음	

음료와 와인 문화

인도는 세계에서 가장 넓은 차 생산 지역이며 수출국이다. 식습관에도 차 문화가 배어 있다. 현지 차인 짜이chai는 중국 차나 영국 차와는 전혀 달라 보인다. 짜이는 홍차에 물보다 거품을 낸 우유를 더 많이 넣고 설탕도 듬뿍 넣는다. 국민 차로 집에 손님이 오면 제일 먼저 대접하며 길거리나 스낵바, 레스토랑, 어디에서나 마실 수 있다. 생강이나 카다멈cardamom 등 향신료를 넣어 독특한 맛을 내기도 한다. 주요 차 재배 지역은 동북부의 아쌈Assam과 다질링Darjeeling 지역이며 남부에서는 닐기리 구릉Nilgiri Hills 지역이다.

커피도 전국적으로 즐기지만, 영국 동인도 회사가 상업적으로 재배하던 인도 남부 지역의 커피가 맛과 풍미가 가장 뛰어나다고 한다. 남부에서는 우유와 설탕을 듬뿍 넣은 진한 인도식 커피를 많이 마시며, 북부의 부유한 지역에서는 유럽식 커피도 인기가 높다.

신선한 과일이나 우유를 기본으로 한 음료도 많이 마신다. 인도 전역은 모든 종류의 과일이 풍부하여 특히 망고나 파인애플, 수박, 라임 주스, 신선한 어린 코코넛 주스를 주로 마신다. 다른 음료처럼 과일 주스에도 소금이나 설탕을 넣는다. 우유를 기본으로 하는 음료는 달거나 구수한 맛이다. 라씨Lassi(요거트를 기본으로 한 음료)는 소금이나 설탕을 넣거나 둘 다 넣어 마시기도 한다. 차나 커피, 주스처럼 라씨도 고수나 민트, 생강, 샤프란saffron 등 스파이스를 넣어 향미를 더하기도 한다.

인도 술 아라크arrack는 야자 설탕을 증류하여 만든 것이며 남

자들이 선호한다. 여러 종류의 현지 위스키도 값이 싸며 지역 특산인 만후아manhua 꽃 또는 쌀이나 코코넛으로 만든 스피릿, 페니feni도 시장에 많이 나와 있다. 뭄바이는 2000년을 기점으로 와인 소비가 해마다 늘고 있으며 2004년 이래로는 두 자리 숫자의 증가세를 기록하고 있다.

마하라슈트라 주는 늘어나고 있는 와인 애호가들에게 즐거움과 아쉬움을 동시에 제공하고 있다.

지난 10여 년간 뭄바이에서 멀지 않은 나식 계곡Nashik Valley에 많은 와이너리가 생겼다. 비행기로 약 40분, 차로 몇 시간 정도 가면 되니 와인이 생소한 뭄바이인들에게 고마운 일이다. 무성한 초록색 골짜기를 따라 30여 개가 넘는 와이너리가 들어서고 포도나무가 층층이 뿌리를 내리고 있다. 와인 여행 코스로도 개발되었으며 와이너리에 레스토랑과 숙박 시설이 생기면서 와인 관광도 활성화되고 있다. 체계적으로 운영하고 있는 술라Sula 와이너리에서는 와인의 이해를 돕기 위해 와인 교육도 병행하며 와인 소비를 늘리고 있다.

와인 애호가들에게 아쉬운 점은 마하라슈트라 주의 와인 세금이 인도 최고라는 점이다. 수입 와인은 200퍼센트의 소비세를 포함해 400퍼센트 세금이 부가된다. 델리와 같은 도시는 병당 와인 가격에 따르지 않고 병 숫자에 따라 세금을 부과하므로 비싼 와인을 뭄바이보다는 싸게 마실 수 있다. 마하라슈트라 주가 수입 와인에 높은 와인세를 부과하는 이유는 현지 와이너리를 보호하려는 정책에서 비롯되었다는 비판이 있다. 이 지역에 50여 개의 와이너리가 몰려 있고 또 전 인도 와인 생산량의 90퍼센트를 차지하기 때문이다. 그러나 인도의 30여 개 주는 미국처럼 정책과 세제도 각각 달라, 현지 생산자들에게도 높은 세금은 와인을 판매할 때 행정적인 걸림돌이 된다.

위쪽: 카다멈을 뿌린 라씨Lassi with cardamom

와인과 인도 음식

인도 음식과 와인 매칭은 향미의 조화보다 더 어려운 난관이 몇 가지 있다. 와인을 마시는 환경과 식습관의 문제다. 홍콩이나 싱가포르와는 달리 뭄바이에서는 냉방 시설이 사치에 속한다. 레스토랑이나 호텔조차도 와인 저장 시설이 미비하며 27~30도의 높은 실내 온도에서 와인을 서빙하는 경우도 있다. 화이트와인은 보관을 제대로 하지 못해 1년만 지나도 갈색을 띤 황금색으로 변한다. 비싼 가격표만 보아도 와인은 아직 부유층만을 위한 사치품임을 알 수 있다.

또 하나 문제는 음식을 손으로 먹는 전통이다. 때로는 수저가 준비되기도 하지만 오른손으로 음식을 먹는 것은 식문화에 깊이 스며든 관습이다. 같은 손으로 와인 잔을 쥐면 끈적이고 지저분해진다. 인도에서 와인을 마시려면 왼손으로도 잔을 자유롭게 취급할 수 있어야 한다.

뭄바이도 다른 아시아의 주요 도시와 마찬가지로 음식을 가운데 차려놓고 나눠먹는다. 양념과 소스 역시 다양하며 음식에 짠맛이나 단맛, 스파이시한 맛, 상큼한 맛 등을 더한다. 대부분의 인도 음식은 맛이 매우 분명하며 강렬하다. 음식 맛이 덤덤하면 인도인들은 주저 없이 피클이나 매운 고추 또는 다른 향미가 강한 양념을 더하여 먹는다. 따라서 와인은 음식의 향미를 북돋우는 보완적인 음료라기보다 동반자의 역할을 해야 한다. 이미 음식의 강한 향미가 완벽한 조화를 이루고 있기 때문에 와인이 더

할 일이 별로 없다. 그러나 진취적인 셰프들은 밥이나 빵을 개별 접시에 나누고 커리나 달dahl 또는 다른 음식들도 개인 접시에 서빙한다. 이렇게 하면 요리의 가지 수와 향미가 제한되기 때문에 와인 매칭이 쉬워진다.

와인이 인도 음식과 전혀 맞지 않는다고 해도 잘 찾아보면 놀랄 만큼 멋진 조화도 있을 수 있고 와인 애호가들을 기쁘게 만드는 다양한 와인도 있다. 딱 한 병의 와인이 모든 음식과 맞을 수는 없지만 부분적으로는 가능하다는 이해가 있으면 된다. 다른 아시아 음식도 마찬가지로 와인을 한 두어 병 더 선택하면 어울릴 확률이 많아진다. 또 한 방법은 음식을 한 입씩 먹는 중간 중간에 음식 맛이 와인과 어울릴 때를 찾아 선택하여 마시는 것이다. 코스마다 풍미가 달라지는 서양식과는 달리 인도 식사는 한 입 한입 다른 맛을 느낄 수 있다. 이를 고려하면 대부분 인도 식사에는 세련된 고급 와인은 맞지 않으며 다른 모임을 위해 남겨두는 것이 좋다.

인도의 주요 음식은 북부와 남부, 서부 지역의 음식으로 나눌 수 있다. 지역적인 다양성을 염두에 두고 또 주 요리와 향미의 조합을 확인하여도, 실제로는 많은 음식들이 서로 거의 겹치거나 또 동시에 서빙되기도 한다. 다음 와인 매칭의 예는 뭄바이에서 먹을 수 있는 수많은 음식들에 어울리는 와인을 찾아 떠나는 탐험의 시작일 수밖에 없다.

세계 어느 곳이라도 음식과 종교는 뗄 수 없는 관계를 맺고 있다. 인도는 특히 종교가 식습관에 큰 영향을 끼친다. 사람들은 종교와 카스트, 출신 지역 등에 따라 완전히 다른 음식을 먹는다. 예를 들면 브라만 계층은 순수 채식을 따르지만 카슈미르 지방에서는 육류도 먹는다. 힌두교도들은 쇠고기를 먹지 않으며 독실한 경우 술을 마시지 않고 양파와 마늘도 피한다. 무슬림들은 할랄halal(계율에 따른 음식)을 먹으며 돼지고기와 술을 금한다. 자이나Jains 교도들은 엄격한 채식을 하며 꿀과 식물의 잎을 먹지 않고 당근이나 감자, 양파 같은 뿌리 채소도 먹지 않는다. 기후나 지형, 전통도 각기 다른 신앙만큼 음식에 영향을 끼친다.

인도 서부 채식/구자라트 채식 탈리
VEGETARIAN WEST INDIAN/GUJARAT THALIS

* 탈리(쟁반)에 여러 종류의 음식을 조금씩 담아 먹음

특성
- 재료가 다양하며 향미는 풍부하고 강렬하다.
- 밥과 빵(차파티)이 식사의 기본이며 스파이스의 강도는 적당하다.
- 콩 종류와 녹말 함량이 많은 야채를 사용하여 질감이 풍부하다.
- 일반적인 양념으로는 짠 야채 피클이나 매운 고추를 꼽는다.
- 감칠맛은 중간 정도이다.
  - * 차파티chapatis(미발효 통밀 빵) 탄두르 오븐이나 프라이팬에 구운 얇은 빵

와인 팁

고려 사항
- 양념이 부드러운 인도 음식이라도 톡 쏘는 맛이 있으므로 과일향이 충분한 와인이라야 스파이스에 눌리지 않고 버틸 수 있다.
- 음식이 든든하지는 않지만 질감이 풍부하기 때문에 중간 무게의 와인이 좋다.
- 레드와인이 음식의 쫀득한 질감과 진한 소스에 잘 어울린다.

와인 선택
- 대담한 향미의 중간 무게 과일향 레드 또는 화이트
- 풀 바디 아로마 화이트가 시원하며 음식의 스파이스를 향상시킨다.
- 로제와 스파클링은 다양성이 있어 좋다.

추천 와인
- **보완:** 신. 구세계 과일향 피노 누아; 미디엄 바디 꼬뜨 뒤 론 빌라주 Côtes du Rhône Villages; 허브 향보다는 잘 익은 과일향의 신세계 소비뇽 블랑 또는 세미용 소비뇽 블랑 블렌드; 알자스 미디엄, 풀 바디 화이트; 오스트리아 또는 독일의 잘 익은 리슬링; 영 꽁드리외 Condrieu, 샴페인
- **동반:** 남 프랑스 로제; 신. 구세계 스파클링 와인; 보졸레 빌라주

피할 와인
- 따뜻한 지역의 풀 바디 와인은 무겁고 알코올 도수가 높으며 산미는 부족하다.
- 군살이 없고 절제된 스타일은 음식의 향미에 묻힌다.
- 오크 향이 과도하거나 타닌이 많은 풀 바디 와인은 음식을 압도한다.

대표 음식
야채 커리(운드유)
Mixed vegetable curry (위)
야채 튀김(바흐지)Vegetable fritters
렌틸 콩과 라이스(끼치디)
Marinated lentils and rice
블랙 빈 스튜
Stewed black beans
(아래)

서부 해안 해산물 요리
COASTAL WEST INDIAN SEAFOOD

특성
- 스파이스는 순한 맛부터 강한 맛까지 여러 가지이지만 음식은 일반적으로 중간 무게이며 그렇게 진하지 않다.
- 해산물의 질감은 섬세하지만 반대로 풍미는 마늘과 커리 잎, 양념 등을 듬뿍 넣어 대담하다.
- 튀김 요리나 소스가 진한 코코넛 주스, 액상 버터 기ghee 또는 버터를 함유하면 기름기가 높아진다.
- 감칠맛은 중간 정도이다.

와인 팁

고려 사항
- 강한 산미와 활달한 과일향의 와인이 음식의 스파이스와 기름기를 통제할 수 있다.
- 레드나 화이트 모두 과일향이 충분하면 무난히 어울린다.
- 매우 스파이시한 음식에는 차게 식힌 레드나 시원한 화이트 또는 스파클링이 어울린다.

와인 선택
- 서늘한 지역의 미디엄 바디 레드와인
- 밝은 과일향의 라이트나 미디엄 바디 화이트
- 리슬링처럼 자연적으로 산도가 높은 품종 또는 오크 향 없는 소비뇽 블랑이 향기로운 해산물 요리와 어울린다.
- 버터로 조리한 해산물에는 오크 숙성한 샤르도네가 어울린다.

추천 와인
- **보완**: 독일 또는 알자스 오프 드라이, 드라이 와인; 뉴질랜드, 서늘한 기후의 샤르도네; 전통적 방식의 스파클링 와인; 신세계 서늘한 지역의 오크 향 없는 파삭한 화이트
- **동반**: 로제; 스파클링 와인; 북부 이탈리아 라이트 바디 화이트; 보졸레 크뤼; 잘 익은 해의 꼬뜨 뒤 론 영 레드; 과일향 피노 누아

피할 와인
- 타닌이 많은 레드는 음식의 스파이스를 강조하고 신선한 해산물의 질감을 느끼지 못하게 한다.
- 유질감이 있고 산도가 약하며 맥없는 와인은 피해야 한다.

대표 음식
코코넛 생선 커리(깔반)
Spicy coconut-based fish curry (위)
생선/매퉁이 튀김(봄빌)
Bombay duck
새우 커리 Curry prawns (아래)
마늘 버터 킹 크랩
King crabs with garlic
and butter

육류 기본의 무굴 식/편잡 식 요리
MEAT-BASED MUGHLAI/PUNJABI MEALS

특성
- 소스에 들어가는 마늘과 고수, 생강, 고추, 커민 또는 매운맛이 나는 혼합향료인 가람 마살라garam masala 등 스파이스의 양이 많다.
- 가벼운 흰 살 고기부터 양고기 등 진한 육류까지 단백질 양이 많다.
- 기름기도 많다
- 일반적으로 신선한 오이나 양파, 라이따raita(민트 요거트), 피클 등으로 진한 음식과 균형을 맞춘다. 빵과 달dahl이 함께 나오기도 한다.

와인 팁

고려 사항
- 스파이스와 허브가 듬뿍 들어간 육류에는 강한 풍미의 레드와인이 필수적이다.
- 단백질이 풍부하며 진한 음식에는 타닌이 꼭 필요하며 화이트 와인은 맞지 않는다.

와인 선택
- 과일향이 농축되고 타닌이 견고한 풀 바디 레드와인
- 이탈리아나 남 프랑스의 미디엄 바디 레드 와인은 대부분의 요리와 잘 어울린다.

추천 와인
- **보완:** 숙성된 꼬뜨 로티Côte-Rôtie 또는 에르미타주Hermitage; 보르도 우안; 숙성된 샤또네프 뒤 파프Châteauneuf-du-Pape; 토스카나 레드 브루넬로 디 몬탈치노Brunello di Montalcino 또는 IGTs; 신세계 서늘한 지역의 숙성된 쉬라즈 또는 카베르네 블렌드
- **동반:** 숙성된 꼬뜨 뒤 론 빌라주Côtes du Rhône Village; 알리아니코Aglianico, 프리미티보Primitivo 등 남부 이탈리아 레드; 남부 프랑스 쉬라즈 그르나슈Grenache 또는 무르베드르Mourvèdre 블렌드; 호주 SGM(쉬라 그르나슈 무르베드르 블렌드)

피할 와인
- 음식의 무게에 눌리는 라이트 바디 와인이나 중성적 와인
- 미디엄이나 라이트 바디 화이트와인 또는 섬세하고 절제된 와인

대표 음식
탄두리 치킨
Tandoori chicken (왼쪽)
치킨(띠까)
Marinated with yoghurt and spices
다진 고기 케밥 Mineed meat kebabs
버터 치킨(무르그 마카니)
Butter chicken
양고기 커리(로간 조쉬)
Lamb curry (아래)

인도 남부 채식
SOUTH INDIAN VEGETARIAN FARE

특성
- 고추와 다양한 스파이스, 타마린드 등 시큼한 재료를 섞어 양념이 강하고 풍미의 강도가 높다.
- 감자나 다른 뿌리 채소를 많이 사용하므로 녹말 함량이 높고 크림 같은 질감이다.
- 다양한 처트니 소스와 야채 피클, 고추 기본 소스가 나온다.
- 기름기는 적당하다
- 감칠맛도 적당하다

와인 팁

고려 사항
- 많은 음식이 타마린드와 생 망고, 새콤한 열매 맛이 있으므로 와인도 산미가 중요하다.
- 음식이 향미는 강하지만 무겁지 않기 때문에 라이트나 미디엄 바디 와인이 적합하다.
- 강한 과일향의 와인이 양념과 스파이스의 강도와 겨룰 수 있다.
- 타닌이 적거나 적당한 레드와인이 음식의 스파이스와 신맛을 부드럽게 할 수 있다.

와인 선택
- 파삭한 산미의 미디엄이나 풀 바디 화이트 또는 가벼운 오크 향 와인이 잘 어울린다.
- 타닌이 가볍고 시원한 산미를 갖춘 라이트나 미디엄 바디 레드

추천 와인
- **보완**: 서늘한 기후, 신세계 샤르도네, 소비뇽 블랑 또는 세미용 블렌드; 알자스 드라이, 미디엄 바디 화이트; 신세계 피노 누아; 영 부르고뉴 빌라주 급 레드
- **동반**: 남아공 가벼운 오크 향 슈냉 블랑Chenin Blanc; 잘 익은 피노 그리조Pinot Grigio; 스파클링 와인; 남 프랑스 로제; 보졸레 빌라주

피할 와인
- 타닉한 레드는 음식의 스파이스를 과장시키고 와인의 과일향은 음식의 시큼한 향미에 압도당한다.
- 매우 섬세한 와인은 음식에 쉽게 파묻힌다.

대표 음식
야채 커리(뿔리수)
Vegetable curry
야채 코코넛 커리
Vegetables in coconut curry
라이스 푸딩(뽕갈)
Spicy rice boiled with milk (위)
감자와 양파 크레페(마살라 도사)
Crêpes stuffed with potatoes and onion (아래)

인도 남부 특식
SOUTH INDIAN SPECILATIES

특성
- 쌀밥이 기본이다. 여러 가지 양념과 각종 스파이스를 사용하여 대단히 강한 향미다.
- 달dahl처럼 스파이스가 덜한 것부터 매우 짜고 스파이시하며, 시큼한 맛 등이 섞여 있다.
- 다양한 처트니chutneys 종류와 새콤한 야채 피클, 소스 등이 보편적이다.
- 지방 함량은 적당하다.
- 감칠맛은 낮다.

와인 팁

고려 사항
- 강렬한 스파이스와 시큼한 향미의 음식은 산미가 탄탄한 와인을 원한다.
- 미디엄 바디 와인이 그렇게 무겁지 않은 음식과 잘 맞는다.
- 과일향 와인이 음식의 강한 스파이스와 겨룰 수 있다.

와인 선택
- 상큼한 산미와 강한 과일향의 미디엄 또는 풀 바디 와인
- 타닌이 순한 과일향의 라이트 또는 미디엄 바디 레드

추천 와인
- **보완:** 게뷔르츠트라미너Gewürztraminer, 리슬링, 뮈스카Muscat 등 알자스 아로마 품종; 서늘한 기후, 신세계 샤르도네 또는 잘 익은 소비뇽 블랑; 독일 오프 드라이 리슬링; 신세계 피노 누아; 과일향 꼬뜨 뒤 론Côtes du Rhône; 숙성된, 현대적 스타일 토스카나 IGT
- **동반:** 잘 익은 소아베 또는 피노 그리조; 스파클링 와인; 드라이 또는 오프 드라이 로제

피할 와인
- 타닉한 레드는 음식의 스파이스를 더 부추기고 음식의 신 맛은 와인의 과일향을 뺏는다.
- 매우 섬세한 와인은 쉽게 눌린다.

대표 음식
생선 레드 커리(민 까리)
Red fish curry (위)
매콤새콤한 야채커리(고쭈)
Spicy and sour vegetable curry
시큼한 국물 미트볼(꼴라 꼬잠부)
Spicy meatballs in sour gravy (아래)
바나나 잎 식사; 커리, 달
Banana leaf rice meal with
an array of curries
and dahl

11

뭄바이

인도 음식과 어울리는 지니의 5대 추천 와인
Jeannie's Top 5 For Indian Cusine

1

신세계 쉬라즈
- The Footbolt Shiraz, D'Arenberg, McLaren Vale, 남 호주
- Shiraz, Peter Lehmann, Barossa Valley, 남 호주
- Shiraz, Clonakilla, Canberra District, New South Wales, 호주

2

리오하 레드
- Gran Reserva, Marques de Cáceres, Rioja, 스페인
- Alion, Bodegas Y Vinedos Alion, Ribera del Duero, 스페인
- Castillo Ygay, Marqués de Murrieta, Rioja, 스페인

3

신세계 메를로
- Merlot, L'Ecole No. 41, Columbia Valley, Washington State, 미국
- Church Block, Wirra Wirra, McLaren Vale, 남 호주
- Merlot Winemaker's Lot, Concha Y Toro, Rapel Valley, 칠레

4

구세계 풀 바디 화이트
- Pinot Gris Clos Windsbuhl, Domaine Zind Humbrecht, Haut Rhin, Alsace, 프랑스
- Châteauneuf-du-Pape Blanc, Château de Nerthe, Rhône, 프랑스
- Condrieu, Yves Cuilleron, Rhône, 프랑스

5

신세계 소비뇽 블랑 세미용
- Sauvignon Blanc Semillon, Cullen, Margaret River, 서 호주
- Sauvignon Blanc Semillon, Cape Mentelle, Margaret River, 서 호주
- Semillon Sauvignon Blanc, Stella Bella, Margaret River, 서 호주

오른쪽: 빤(식사를 마친 후 입안을 개운하게 함)

와인 용어

화이트와인

알바리뇨/알바리뉴Albarino/Alvarinho 스페인에서는 알바리뇨, 포르투갈에서는 알바리뉴로 발음하며 바디가 가볍고 산도가 높다. 포르투갈의 비뉴 베르드Vinho Verde 지역은 서늘하여 그린 애플이나 감귤류 향이 나며, 스페인의 리아스 바이아스Rías Baxis 지역은 따뜻하여 비오니에Viognier 와 같은 복숭아 향이 난다. 해산물과 광동식 요리와 잘 어울린다.

샤르도네Chardonnay 변신의 폭이 넓은 화이트 품종으로 다양한 기후대에서 여러 가지 스타일의 품질 좋은 와인을 만든다. 서늘한 지역에서는 산도가 높은 파삭한 와인을, 따뜻한 지역에서는 핵과 향에서 잘 익은 이국적 열대 과일향까지 나타난다. 스타일도 가벼운 라이트 바디에서 알코올이 강한 풀 바디까지 가능하다. 오크통에서 발효시키거나 이스트 찌꺼기와 같이 숙성시키는 등 양조 방법에 따라서도 스타일이 변한다. 샤르도네는 세계 와인 재배 지역 어느 곳에서나 생산하고 있다.

슈냉 블랑Chenin Blanc 감귤류나 새콤한 사과 등 과일향을 지닌 상큼한 산미의 화이트 품종이다. 단순한 드라이 와인에서 복합적인 미네랄 향의 오프 드라이, 오래 보관할 수 있는 스위트 등 다양한 스타일이 있다. 남아공과 캘리포니아에서는 바로 마실 수 있는 단순한 와인이 프랑스 루아르 밸리에서는 수년간 숙성시킬 수 있는 고급품이 생산된다. 와인의 높은 산도는 크림 소스나 스파이시한 음식과 잘 어울린다.

퓌메 블랑Fumé Blanc 1970년대 캘리포니아에서 로버트 몬다비가 오크 향 소비뇽 블랑을 만들며 붙인 이름이다. 소비뇽 블랑을 오크통에서 발효시키고 숙성을 하면 가벼운 바디가 강해진다. 세미용과 블렌딩하면 중간 무게의 여러 가지 아시아 음식과 완벽한 매칭이 된다. 산미가 충분하며 와인의 단단한 바디와 깊이가 음식의 강한 향미를 버틸 수 있기 때문이다.

게뷔르츠트라미너Gewürztraminer 스파이스와 아로마가 뚜렷한 품종이다. 프랑스 알자스에서 최고의 드라이와 스위트 스타일을 만든다. 서늘한 기후에서 서서히 익은 포도는 강한 아로마를 유지하며 복합적인 와인이 된다. 북부 이탈리아와 중부 유럽에서도 좋은 품질을 생산한다.

그뤼너 펠트리너Grüner Veltliner 대부분 오스트리아에서 생산되지만 유럽의 다른 지역에서도 가끔 볼 수 있다. 최고품은 오래 숙성된 샤블리Chablis 그랑 크뤼 같은 느낌도 난다. 일반적으로 흰 후추와 감귤 향이 나며 산도가 높아 음식과 잘 맞는 와인이다. 딤섬이나 튀김, 볶음 요리와 잘 어울린다.

마르산Marsanne 알코올이 높은 풀 바디 와인을 만든다. 호두과자나 말린 허브, 꽃향기도 가끔 난다. 북부 론Rhône 화이트와인의 주 품종으로 루산Roussanne과 블렌딩 파트너이며 지금은 루산보다 재배량이 훨씬 많다. 아시아에는 아직 잘 알려지지 않았지만 허브 향의 풍미 있는 풀 바디 와인으로 한국이나 태국 음식에 이상적이다.

뮈스카Muscat 뮈스카는 클론도 많고 변종도 많지만 강한 포도향이 특징이다. 알자스는 드라이 스타일이 뛰어나다. 따뜻한 지중해 지역에서는 스위트 와인 또는 스위트 스타일의 강화 와인도 만들며 특히 남 프랑스가 유명하다. 단순한 스타일은 포도와 복숭아, 꽃향기가 가득한 라이트 바디 와인으로 어릴 때 마시면 좋다. 깨나 콩이 들어간 떡과 잘 어울린다.

뮈스카데Muscadet 굴이나 생선회를 먹을 때 믿고 선택할 수 있는 중성적 성격의 와인이다. 발효 후 겨울 몇 달 동안 이스트 찌꺼기와 함께 숙성시키면 묵직한 미감의 원만한 고급 와인이 된다. 프랑스 루아르 밸리 서쪽 끝 지역이 유명하다.

피노 블랑/피노 비앙코(이탈리아)Pinot Blanc/Pinot Bianco 이탈리아와 알자스, 독일, 오스트리아에서 대량 재배한다. 오스트리아와 이탈리아 와인은 가볍고 시원하다. 풍부한 스타일은 샤르도네와 비슷하며 다양성이 있고 음식과 잘 어울린다. 오스트리아에서는 보트리티스 피노 블랑으로 달콤한 트로켄베렌아우스레제Trocken beerenauslese를 만든다.

피노 그리/피노 그리조(이탈리아)Pinot Gris/Pinot Grigio 북부 이탈리아 화이트 품종으로 신선하고 파삭하며 향이 가벼운 화이트 품종이다. 프랑스 알자스는 허브 향과 감귤 향이 강한 풀 바디 와인을 생산한다. 스파이스 향이 있는 풍부한 와인은 인도 음식의 스파이스와도 잘 어울린다.

리슬링Riesling 자연 산도가 높은 아로마 품종이다. 서늘한 지역에서는 꽃과 감귤, 사과 향이 난다. 따뜻한 지역에서는 라임 향이 더 나며 패션푸르트passionfruit와 스톤 프루트stone fruit 향을 느낄 수 있다. 리슬링은 기후와 토양 등 태어난 곳의 본래 성질을 그대로 반영하는 품종이다. 독일과 오스트리아, 알자스, 뉴질랜드, 오스트리아 등 서늘한 지역에서 폭넓게 재배된다. 드라이 스타일에서 오프 드라이, 스위트 스타일까지 다양하다. 상큼한 산미와 다양성이 있어 여러 가지 아시아 음식과 두루 잘 어울린다.

루산Roussanne 숙성이 가능하고 섬세한 고품질 와인을 만들 수 있는 품종이 개발되어 남부 프랑스와 캘리포니아에 많이 심었다. 북부 론Rhône의 마르산/루산 블렌딩에서 허브 차와 비슷한 독특한 향미를 더한다.

소비뇽 블랑Sauvignon Blanc 보르도와 루아르, 뉴질랜드에서 가볍고 신선한 와인을 만드는 인기 있는 국제적 품종이다. 통 발효와 통 숙성 한 풀 바디 와인도 있다. 가벼운 스타일은 서늘한 지역에서 나며 뭄바이나 도쿄의 해산물 요리와 잘 어울린다. 풍부한 스타일은 조밀하며 루아르 밸리 푸이 퓌메처럼 부싯돌이나 초크 냄새가 난다. 보르도에서는 세미용과 블렌딩하며 무게감과 산미도 있어 음식과 친화적이다. 사천식 닭요리 또는 바질이 들어간 태국식 돼지고기 요리와 잘 어울린다.

세미용Semillon 호주 외에서는 세미용 단일 품종 와인이 드물다. 약간의 유질감이 있고 매끈한 과일향으로 샤르도네와 구별이 안 될 때도 있다. 고급 드라이 와인과 스위트 와인을 만든다. 일찍 수확하는 헌터 밸리Hunter Valley 세미용은 수십 년도 보관할 수 있는 고급 와인이다. 소비뇽 블랑과 블렌딩하면 깊이와 바디를 더하며 보르도 드라이 화이트처럼 원만한 와인이 된다. 늦게 수확하는 레이트 하비스트late-harvest 와인은 놀랄 만큼 복합적이고 풍부하며 보르도의 소테른Sauternes이 대표적이다.

소아베Soave 북부 이탈리아 베네토 지역이 유명하다. 가르가네가Garganega 품종으로 만들며 샤르도네와 블렌딩하기도 한다. 대부분 소아베는 가볍고 시원하며 섬세한 말린 허브 향과 견과류 향이 있다. 쉽게 즐길 수 있으며 다양성 있는 와인이다.

트레비아노/위니 블랑(프랑스)Trebbiano/Ugni Blanc 이탈리아에는 추운 북부 지역을 제외하고 전 지역에 퍼져 있다. 뚜렷한 특징이 없는 품종으로 그레케토Grechetto, 말바지아Malvasia, 베르델료Verdello 등 특이한 향미를 가진 토착 품종과 블렌딩에 주로 사용한다. 절제된 과일향과 중성적인 성격은 향미가 강한 아시아 음식에 배경이 되어 오히려 빛이 난다.

베르데호Verdejo 스페인 루에다Rueda의 토착 품종으로 가벼운 아로마와 우아하고 상큼한 과일향이다. 소비뇽 블랑과 블렌딩하면 파삭한 산미의 라이트 바디 스타일이 그대로 나타난다. 베르데호는 다양성이 있는 품종이며 여러 가지 해산물 요리와 잘 맞고 싱가포르의 블랙 페퍼 크랩처럼 스파이시한 음식과도 잘 어울린다.

베르디키오Verdicchio 이탈리아의 고전적 품종으로 아드리아 해변의 베르디키오 디 마텔리카Verdicchio di Matelica와 베르디키오 델 카스텔리 디 예지Verdicchio dei Castelli di Jesi의 두 DOC 지역에서 난다. 해산물과 이상적인 짝이 되며, 가볍고 시원한 스타일부터 아로마가 더 많은 스타일도 있다. 다양한 음식과 잘 맞는 와인 중 하나이다.

베르멘티노Vermentino 사르디니아Sardinia에서 많이 재배하며 리구리아Liguria와 남 프랑스의 랑그독 루시용Languedoc-Roussillon에도 약간 재배한다. 사르디니아에서는 신선하고 상큼한 와인을 만들기 위해 산도가 남아 있을 때 빨리 수확한다.

비오니에Viognier 풀 바디 아로마 화이트의 최고봉은 북부 론의 비오니에다. 섬세한 꽃향기와 복숭아, 미네랄 향이 어우러지고 질감이 비단 같다. 비교적 재배가 어려운 품종이며, 당도가 빠르게 올라가 알코올이 높아지고 균형이 깨지는 경우가 있다. 최고 품질은 매끄러운 질감의 풀 바디 스타일로 꽃향기가 가득하고 피니시가 길다. 깔끔한 스타일은 미네랄 향과 신선한 산미가 있으며, 태국과 베트남 음식에 멋진 동반자가 될 수 있다.

비우라Viura 북부 스페인에 가장 많이 심는 품종으로 리오하Rioja에서는 비우라, 카탈루냐Catalunya에서는 마카베오Macabeo라고 하며 스파클링 와인인 카바Cava를 만든다. 리오하에서는 오크통 숙성을 한 미디엄 바디 와인도 생산하며 프랑스도 재배하지만 스페인에 비하면 소규모이다.

레드와인

아마로네 델라 발폴리첼라 Amarone della Valpolicella　　초콜릿과 건포도 향이 나는 풀 바디 와인이다. 북부 이탈리아에서 발폴리첼라를 만드는 코르비나Corvina와 론디넬라Rondinella, 몰리나라Molinara 품종을 몇 달 말린 후 발효시켜 오크통에 숙성한다. 알코올이 높은 조밀한 와인으로, 현대적 스타일은 강렬한 체리 향과 초콜릿 케이크 향이 나며 엄청나게 풍부하다. 한국 육류 숯불구이와 잘 어울린다.

바르바레스코Barbaresco　　네비올로 포도로 만드는 꽃향기의 아로마 와인이다. 북부 이탈리아 피에몬테 지역 바르바레스코 마을에서 생산된다. 바롤로와 비슷하지만 타닌과 산도, 밀도가 약간 낮다. 병입하기 전 오크 숙성 기간이 바롤로보다는 짧아 과일향이 더 많고 원만하다. 단단한 타닌은 사테satay 같은 육류 꼬치구이와 잘 맞다.

바르베라Barbera　　이탈리아 피에몬테 지역의 적포도로 깊은 루비 색깔의 베리류 향 풀 바디 와인이다. 싸고 경쾌한 와인이지만 생생한 산미와 비교적 단단한 타닌으로, 잘 만들면 네비올로의 밀도와 과일향도 표현할 수 있다. 바롤로보다는 덜 진지하지만 영 와인으로 마실 수 있고 육류 위주의 든든한 아시아 음식과 잘 어울린다.

바롤로Barolo　　북부 이탈리아 피에몬테 지역 바롤로에서 생산된다. 네비올로 포도로 만드는 이탈리아의 최고급 와인이다. 장미꽃과 제비꽃 향, 타르(커피) 등 특유한 아로마가 있다. 타닉하고 응집된 과일향으로 높은 알코올과 산도를 갖추고 있지만, 색깔이 짙지 않아 강한 면모를 간과하기 쉽다. 좋은 바롤로의 수명은 보르도의 고급 샤또 와인에 버금간다. 숙성된 바롤로는 육류 기본의 상하이식이나 중국 북부 요리에 멋진 동반자가 된다.

브루넬로 디 몬탈치노 Brunello di Montalcino　　브루넬로는 토스카나의 몬탈치노 지역에 자생하는 산조베제의 뛰어난 클론이다. 이 지역에서는 브루넬로 단일 품종으로 만들며 다른 품종과 블렌딩하지 않는다. 이탈리아 레드 중 가장 복합적이며 섬세한 와인에 속한다. 법적으로 2년 오크 숙성과 2년 병 숙성을 거친 후 출시할 수 있다. 오래 보관할 수 있는 진지한 와인이며 풍부한 향미는 일본이나 한국의 감칠맛이 나고 풍미 있는 찜이나 스튜 요리와 잘 어울린다.

카베르네 소비뇽 Cabernet Sauvingnon　　세계적으로 가장 널리 알려진 레드 품종으로 아주 덥거나 추운 지역을 제외하면 잘 자란다. 포도 알이 작고 껍질이 두꺼워 타닌이 풍부하고 농축된 풀 바디 와인을 만든다. 오랜 세월을 견딜 수 있는 저력이 있으며, 완숙된 포도라도 허브나 야채 향을 느낄 수 있다. 블렌딩하는 경우가 많으며 보르도와 나파, 쿠나와라Coonawarra의 카베르네 단일 품종 와인은 응집된 블랙 커런트 향을 나타낸다. 타닌이 강하기 때문에 아시아 음식과는 잘 맞지 않으나 숙성된 와인은 다양성이 있다.

카베르네 프랑 Cabernet Franc　　블렌딩 파트너인 카베르네 소비뇽의 그림자처럼 존재한다. 소비뇽과 비슷한 허브 향을 깔고 있다. 생테밀리용Saint-Emilion의 슈발 블랑Cheval Blanc은 예외지만, 깊이와 밀도는 소비뇽보다는 약하다. 루아르 벨리에서는 블랙베리 향과 뚜렷한 삼나무 향이 나는 미디엄 바디 와인을 만든다. 단일 품종 와인은 아시아 음식과 매칭이 어렵지만 블렌딩하면 한국이나 중국 북부의 기름진 돼지고기 요리와 잘 어울린다.

키안티 클라시코 Chianti Classico　　토스카나 지역의 산조베제 품종으로 만들며 이탈리아의 다른 품종이나 국제적 레드 품종과도 블렌딩한다. 새콤한 체리 향과 흙내가 나는 미디엄 바디 와인이다. 리제르바 급의 고품질은 최소 2년 숙성 후 출시한다. 키안티 클라시코는 타닌이 강하지 않아 매운 요리나 스키야키 같은 뜨거운 요리와도 같이 즐길 수 있다.

돌체토Dolcetto　　이탈리아 북서부 피에몬테의 조생종으로 거의 단일 품종으로 만든다. 부드럽고 원만한 과일향과 감초와 체리 아로마가 있으며 깊은 보라 색깔이다. 영 와인으로 마실 수 있으며 인도나 한국 음식과 어울리는 일상 와인이다.

가메Gamay　　프랑스 보졸레 지역의 레드 품종으로 비교적 알코올이 낮으며 방금 딴 붉은 과일향이다. 높은 산도와 가벼운 바디, 시원한 스타일로 매우 다양성이 있다. 많은 아시아 음식과 잘 맞을 수 있지만 널리 알려지지 않고 있다. 일본의 덮밥donburi과 같은 일상적 음식이나 동남 아시아 음식과 어울린다.

그르나슈Grenache　스페인과 남부 프랑스에서 널리 재배하며 가뭄과 여름 더위도 잘 견딘다. 과일향과 스파이스 향이 있는 미디엄 바디 와인으로 타닌은 비교적 낮다. 관개를 많이 한 지역에서는 엷은 색깔의 덤덤한 와인이 되지만 프랑스 샤또네프 뒤 파프Châteauneuf-du-Pape나 스페인 프리오라트Priorat 와인은 진지하며 오래 견딜 수 있다. 꼬뜨 뒤 론Côtes du Rhône의 단순한 그르나슈 기본 와인은 여러 가지 아시아 요리와 광동식, 일본식, 상하이식, 타이식, 싱가포르식, 한식 등에 안심하고 택할 수 있는 와인이다.

이탈리아 IGT 와인 Italian IGT Wine　IGT(Indicazione Geografica Tipica)는 1922년에 포도 품종 또는 양조 방법이 DOC, DOCG 체제에 속하지 못하는 이탈리아 와인에 준 인증이다. 이들 중 국제적으로 인정받는 비싼 와인도 있다. IGT 레드는 전통적인 스타일보다 더 대담하고 과일향이 나며 강한 새 오크통 향이 난다. 이렇게 타닉하며 알코올이 높은 현대적 와인은 아시아 음식과는 잘 맞지 않다.

말벡Malbec　프랑스에서는 현저히 줄고 있지만 아르헨티나에서는 성공을 거두고 있다. 풍부하고 잘 익은 블랙베리 향과 제비꽃 향이 스치며 오래 보관할 수도 있다. 높은 타닌은 아시아 음식과는 맞지 않지만 인도나 한국의 육류 찜 요리 등에는 어울릴 수 있다.

메를로Merlot　보르도의 위대한 적포도 품종으로 블렌딩 파트너인 카베르네 소비뇽의 거친 타닌을 부드럽게 해준다. 보르도 우안이 명산지이며 카베르네 소비뇽 주 와인만큼 조밀하고 농축되어 오래 보관할 수도 있다. 일반적으로 메를로는 자두 같은 친숙한 과일향으로 타닌의 질감이 매끄럽다. 꼬치구이나 로스트 미트, 비프 사테 같은 향미가 풍부한 아시아 음식의 멋진 동반자가 된다. 타닌이 부드러워 음식의 짠맛이나 스파이스와 부딪치지 않기 때문이다.

몬테풀치아노Montepulciano　토스카나의 몬테풀치아노 지역과 이름이 같지만, 이탈리아 남부 아브루초Abruzzo 지역에서 재배되는 토착 레드 품종이다. 적당한 산도와 타닌으로 단순하고 바로 마실 수 있다. 든든한 음식과 함께 마실 수 있는 편안하고 부담없는 와인이다.

무르베드르Mourvèdre　검은 만생종 품종으로 프랑스 남부와 스페인에 흔하며 레드와인의 블렌딩 용으로 많이 사용된다. 그르나슈와 시라, 생소와 블렌딩하며, 와인의 색깔과 타닌의 구조를 강하게 해준다. 프로방스의 방돌Bandol 지역은 단일 품종 와인도 만들지만 소량이다. 강한 타닌 때문에 아시아 음식과 어울리기 어렵다.

네비올로Nebbiolo　이 위대한 검은 품종은 이탈리아 북부 피에몬테 지역의 토착 품종이다. 섬세하고 아로마가 깊으며 오래 보존할 수 있는 복합적인 와인을 만든다. 얇은 껍질과 변덕스러운 성격은 재배하기가 어렵고 완숙시키기도 힘들다. 그러나 바롤로와 바르바레스코 고급품은 대단한 농축미와 복합적인 아로마를 지니며 수십 년 병 숙성으로 향상되는 저력을 갖고 있다. 숙성된 네비올로는 야생 고기와 가금류, 구운 비둘기, 오리, 거위 요리 등과 멋지게 어울린다.(참조: p.19 바롤로와 바르바레스코 부분)

네그로아마로Negroamaro　남부 이탈리아 토종으로 껍질이 검은 레드 품종이다. 단일 품종도 가능하고 블렌딩도 한다. 풀리아puglia에서 주로 재배하고 단순한 육류 음식과 즐길 수 있는 활달한 풀 바디 와인이다.

피노타지Pinotage　피노 누아와 생소Cinsault의 교잡이며 남아공이 주산지이다. 조심스레 재배한 고급품은 풀 바디이며 동물 향과 붉은 야생 베리류의 아로마가 있다. 스모키하며 탄 냄새도 난다. 동물적이고 스파이시한 성격은 붉은 육류와 어울린다. 더운 내륙 지방 와인은 알코올 도수가 매우 높아지므로 피해야 한다.

피노 누아 Pinot Noir　껍질이 얇고 민감한 품종으로 재배가 쉽지 않아 재배자나 양조자나 세심한 주의를 기울여야 한다. 서늘한 기후에 충분한 햇볕이 포도를 서서히 익게 하면 잘 익은 라즈베리와 딸기 향이 나는, 섬세함과 우아함을 갖춘 천상의 와인이 된다. 복합적인 와인은 다양한 과일향 층을 형성하며 가벼운 바디와 우아한 성격이지만 흙과 버섯, 관목, 야생 동물 향이 난다. 최고는 프랑스 부르고뉴산이다. 신세계 여러 시원한 지역에서도 환상적인 피노 누아가 출시되기 시작했다. 잘 만든 피노 누아는 다양성이 있고 상큼하며 우아하다. 많은 아시아 음식에도 멋진 동반자가 된다. 한식과 중식, 일식, 태국식에 잘 어울리는 와인이다.

산조베제Sangiovese　토스카나의 주요 품종으로 키안티와 브루넬로 디 몬탈치노, 수퍼 투스칸 블렌딩에 사용하며 고품질 와인을 만든다. 단순한 스타일은 미디엄 바디로 새콤한 체리 향이 나며, 좋은 품질은 촘촘한 과일 향의 복합적인 와인으로 셀러에 오래 보관할 수 있다. 단순한 와인은 밥이나 국수 같은 일상적인 식사와도 잘 맞으며, 진지한 스타일은 로스트 포크나 오리 등 육류와 어울린다.(참조: p.19 키안티 클라시코와 브루넬로 디 몬탈치노)

수퍼 투스칸 Super Tuscans　이탈리아의 전통적 등급 체계(DOC와 DOCG)에서 벗어난 토스카나의 고급 레드와인을 구분하는 명칭이다. 국제적 품종을 사용하며 산조베제 같은 토착 품종과 블렌딩도 한다. 1960년대 안티노리Antinori의 사시카이아Sassicaia가 선봉장이 되어, 이탈리아의 서부 해안 와인에 국제적 이목을 집중시키고 가격도 높이 형성되었다.(참조: p.19 이탈리아 IGT 와인)

시라/쉬라즈 Syrah/Shiraz　고품질의 시라는 풍부하고 복합적이며 뚜렷한 개성이 있다. 프랑스 북부 론Rhône 지역의 주 품종이며 분명한 스파이스 향과 가죽, 야생 동물 향이 난다. 아시아 용어로는 로스트 구즈, 차슈char siu, 가람 마살라garam masala, 중국 5대 향으로 표현할 수 있다. 꼬뜨 로티 Côte-Rotie와 에르미타주Hermitage에서 최고품이 생산된다. 호주의 주 품종이기도 하며 그레인지Grange와 힐 오브 그레이스Hill of Grace 와인은 최고의 수집 대상이다. 어떤 기후나 토양에서도 잘 자라며 단일 품종 와인이나 블렌딩이나 무리 없이 적응한다. 인도 또는 동남아의 향미 있고 든든한 육류 기본 요리에 잘 어울린다.

템프라니요Tempranillo　북부 스페인에서 널리 재배하는 토착 품종으로 단순한 딸기 향부터 바닐라 향까지 풍부하고 다양하다. 가벼운 스타일은 알코올과 타닌이 적당하며 미디엄 바디이다. 농축된 스타일은 입에 붙는 강한 타닌과 검은 베리류 향의 풀 바디 와인이다. 템프라니요는 오랜 오크 숙성에 잘 맞고 전통적 리오하Rioja는 미국 오크통의 스위트 코코넛 향이 특징이다. 리베라 델 두에로Ribera del Duero는 엄청난 농축도와 강도를 갖고 있으며 수명이 길다. 단순한 템프라니요 기본 와인은 논야 음식 포피아 pohpiah나 김밥 같은 일상적인 아시아 스낵과 잘 어울린다.

발폴리첼라 Valpolicella　이탈리아 북서부 베네토Veneto 지역의 세 가지 품종인 코르비나Corvina와 론디넬라Rondinella, 몰리나라Molinara를 블렌딩하여 만든다. 기본 발폴리첼라는 가볍고 과일향이 나며 어릴 때 마신다. 진지한 스타일은 조밀한 체리 향이 나며 타닌은 강하지만 장기 보관용은 아니다. 아마로네는 같은 세 가지 포도를 발효시키기 전 몇 달 동안 말린다. 타닌이 낮고 과일향의 다양성이 있는 와인으로 볶음이나 스파이시한 사천식 요리 등 아시아 요리와 잘 어울린다.

진펀델/프리미티보 Zinfandel/Primitiveo　캘리포니아에서 주로 생산되는 와인으로 싼 오프 드라이 핑크 와인부터 숙성 가능한 풀 바디의 드라이 레드까지 여러 가지 스타일이 있다. 이탈리아에서는 프리미티보로 알려졌으며 남쪽 풀리아Puglia 지역에서 재배한다. 풀 바디 드라이 레드 진펀델/프리미티보는 잘 익은 딸기 향이며 알코올 도수가 매우 높다. 강한 과일향과 높은 알코올은 아시아 음식과 매칭하기가 어렵다. 그러나 육류 스튜나 로스트 미트와는 어울린다.

오른쪽: 메를로

참고 문헌

Ashkenazi, Michael & Jacob, Jeanne, 2003. *Food Culture in Japan.* Connecticut, U.S.A.: Greenwood Publishing Group.

Ashkenazi, Michael & Jacob, Jeanne, 2000. *The Essence of Japanese Cuisine: An Essay on Food and Culture.* Pennsylvania, U.S.A.: University of Pennsylvania Press.

Bailey, A., 1990. *Cook's Ingredients.* U.K.: Dorling Kindersley.

Chang, K.C., Editor, 1977. *Food in Chinese Culture.* New York, U.S.A.: Vail-Ballou Press, Inc.

Civitello, Linda, 2008. *Cuisine and Culture, A History of Food and People, Second Edition.* New Jersey, U.S.A.: John Wiley & Sons, Inc.

Dahlen, M., 1995. *A Cook's Guide to Chinese Vegetables.* Hong Kong: The Guidebook Company Ltd.

Davidson, A., 1999. *The Oxford Companion to Food.* U.S.A.: Oxford University Press Inc.

Erbaugh, Mary S., 2000. *Migration and Ethnicity in Chinese History: Hakkas, Pengmin, and Their Neighbors (Review) Journal of World History - Volume 11, Number 1.* Hawaii, U.S.A.: University of Hawaii Press.

Freedman, Paul, Editor, 2007. *Food: The History of Taste.* London, U.K.: Thames & Hudson Publishers.

Goldstein, Evan, 2006. *Perfect Pairings.* California, U.S.A.: University of California Press, Ltd.

Heiss, Mary Lou & Heiss, Robert, J. 2007. *The Story of Tea.* Berkeley, California, U.S.A: Ten Speed Press.

Hoh, Chin-hwa, 1985. *Traditional Korean Cooking.* Korea: Hollym Corporation Publishers.

Huang, Su-Huei, 1976. *Chinese Cuisine.* Taiwan: Wei Chuan Publishing Co. Ltd.

Jaine, T., Editor, 2006. *The Oxford Companion to Food, Second Edition.* Oxford, U.K.: Oxford University Press.

Kahrs, K., 1990. *Thai Cooking.* Bangkok, Thailand: Asia Books Co., Ltd.

Kasabian, Anna & David, 2005. *The Fifth Taste: Cooking with Umami.* New York, U.S.A.: Universe Publishing.

Kiple, Kenneth F. & Ornelas, Kriemhild Conee, 2000. *The Cambridge World History of Food, Volumes I and II.* Cambridge, U.K.: Cambridge University Press.

Labensky, S., Ingram G.G. & Labensky, S.R., Editors, 2001. *Webster's New World Dictionary of Culinary Arts, Second Edition.* New Jersey, U.S.A.: Prentice-Hall, Inc.

Leong, Mary & Storey, Colin, 2005. *Do's and Don'ts in Hong Kong.* Thailand: Book Promotions and Services Co. Ltd.

Leung, Wan Shai, 2008. *Dim Sum in Hong Kong.* Hong Kong: Food Paradise Publishing Co.

Malhi, Manju, 2004. *India with Passion.* London, U.K.: Mitchell Beazley.

Mulherin, J., 1994. *Spices and Natural Flavourings.* London, U.K.: Tiger Books International PLC.

Murata, Yoshihiro, 2006. *Kaiseki.* Tokyo, Japan: Kodansha International Ltd.

Newman, Jacqueline M., 2004. *Food Culture in China.* Connecticut, U.S.A.: Greenwood Press.

Ng, Rebecca S.Y. & Ingram, Shirley, 1995. *Cantonese Culture, Third Edition.* Hong Kong: Asia 200 Ltd.

Nishiyama, Matsunosuke & Groemer, Gerald, 1997. *Edo Culture: Daily Life and Diversions in Urban Japan.* Hawaii, U.S.A: University of Hawaii Press.

Page, Karen & Dornenburg, Andrew, 2008. *The Flavour Bible.* New York,

U.S.A.: Hachette Book Group.

Page, Karen & Dornenburg, Andrew, 2006. *What to Drink with What You Eat.* New York, U.S.A.: Hachette Book Group.

Rosengarten, David & Wesson, Joshua, 1989. *Red Wine with Fish.* New York, U.S.A.: Simon & Schuster.

Roy, Denny, 2003. *Taiwan: A Political History.* New York, U.S.A: Cornell University Press.

Rozin, Elizabeth, 1983. *Ethnic Cuisine.* New York, U.S.A.: Penguin Group.

Solomon, C., 1976. *The Complete Asian Cookbook.* Sydney, Australia: Lansdowne Publishing Pty Limited.

Song, Young Jin, 2008. *The Complete Book of Korean Cooking.* London, U.K.: Annes Publishing Ltd.

Soo, L.Y., 1988. *The Best of Singapore Cooking.* Singapore: Times Editions Pte Ltd.

Soon, Edwin & Guy, Patricia, 2007. *Wine with Asian Food.* Singapore: Landmark Books Pte Ltd.

Sweetser, Wendy, 2005. *Asian Flavours.* East Sussex, U.K.: Quintet Publishing Limited.

Ward, Barbara E. & Law, Joan, 2005. *Chinese Festivals in Hong Kong, Third Edition.* Hong Kong: MCCM Creations.

Werle, L. & Cox, J., 1998. *Ingredients.* Rushcutters Bay, Australia: JB Fairfax Press Pty Ltd.

Yoo, Yang-Seok, 2007. *The Book of Korean Tea.* Seoul, Korea: The Myung Won Cultural Foundation.

Zhao, Rong Guang, 2006. *Cultural History of Chinese Food and Drinks.* Shanghai, China: Shanghai People's Publication House.

Zhong, O Yang Fu, 2007. *Chinese Famous Food (Beijing Cuisine).* Hong Kong: Wan Li Book Co. Ltd.

Zhong, O Yang Fu, 2007. *Chinese Famous Food (Shanghai Cuisine).* Hong Kong: Wan Li Book Co. Ltd.

Zhou, Fen Na, 2008. *Food and Drinks in China.* Beijing, China: SDX Joint Publishing Company.

Zhu, Zi Sheng & Shen, Hang, 1995. *Cultural History of Chinese Tea and Wine.* Wen Chin Publication Co.

사진 목록

Petr Janda
Hong Kong Tourism Board
Hiroki Matsumoto
Naoko Sakuda
Berry Bros. & Rudd Hong Kong
Decanter Magazine
Hua Hin Hills Vineyard, Prachuap Khiri Khan, Thailand

123RF
© 123RF / Lee Wai Foo
© 123RF / Kate Shephard
© 123RF / Wai Chung Tang
© 123RF / tiero
© 123RF / Elena Elisseeva

CORBIS
© Corbis / Wu Hong / epa
© Corbis / amanaimages
© Corbis / ML Sinibaldi
© Corbis / Nevada Wier
© Corbis / Justin Guariglia
© Corbis / Marc Dozier / Hemis
© Corbis / Nik Wheeler
© Corbis / Bob Krist
© Corbis / Studioeye
© Corbis / Michele Falzone / JAI
© Corbis / Kimmasa Mayama / epa
© Corbis / Bruce Burkhardt
© Corbis / Charles O'Rear
© Corbis / Gavin Hellier / Robert Harding World Imagery
© Corbis / Bruno Ehrs
© Corbis / Atlantide Phototravel
© Corbis / Lo Mak Redlink

GETTY IMAGES
© Getty Images / Keren Su / China Span
© Getty Images / Xiofei Wang / StockFood Creative
© Getty Images / Greg Elms / Lonely Planet
© Getty Images / EIGHTFISH / ImageBank
© Getty Images / PhotoLink / Photodisc
© Getty Images / IMAGEMORE Co., Ltd.
© Getty Images / Stone / Bob Thomas
© Getty Images / JUNG YEON-JE / AFP

INMAGINE
© Inmagine / Sozaijiten
© Inmagine / Corbis
© Inmagine / Imagemore
© Inmagine / Creatas
© Inmagine / Stockfood

iStockPhoto
© iStockPhoto / Photomorphic
© iStockPhoto / Frank van den Bergh
© iStockPhoto / Deejpilot
© iStockPhoto / tbradford
© iStockPhoto / AdrInJunkie
© iStockPhoto / oneclearvision
© iStockPhoto / Dijon_Yellow
© iStockPhoto / HAVET
© iStockPhoto / Jumpphotography
© iStockPhoto / rainmax
© iStockPhoto / Matt Grant
© iStockPhoto / Photosoup
© iStockPhoto / TerryJ
© iStockPhoto / YinYang
© iStockPhoto / iPixela
© iStockPhoto / Lefthome
© iStockPhoto / travellinglight
© iStockPhoto / RichLindie
© iStockPhoto / WEKWEK
© iStockPhoto / Andreyuu

SHUTTERSTOCK
© Shutterstock / yuyangc
© Shutterstock / Lawrence Wee
© Shutterstock / Walter Quirtmair
© Shutterstock / faberfoto
© Shutterstock / millann
© Shutterstock / manzrussali
© Shutterstock / Chin Kit Sen
© Shutterstock / Mau Horng
© Shutterstock / lancelee
© Shutterstock / Chin Kit Sen
© Shutterstock / Kheng Guan Toh
© Shutterstock / Ruslan Kokarev
© Shutterstock / Amy Nicole Harris
© Shutterstock / sunxuejun
© Shutterstock / Norman Chan
© Shutterstock / Sam Dcruz
© Shutterstock / Henrik Andersen
© Shutterstock / Jeremy Richards
© Shutterstock / Monkey Business Images
© Shutterstock / Flashon Studio
© Shutterstock / kentoh
© Shutterstock / Hywit Dimyadi
© Shutterstock / Charles B. Ming Onn
© Shutterstock / Joe Gough
© Shutterstock / Ekaterina Pokrovskaya
© Shutterstock / Danny Smythe
© Shutterstock / annlim
© Shutterstock / Elzbieta Sekowska
© Shutterstock / Rtimages
© Shutterstock / Pichugin Dmitry
© Shutterstock / Sherri R. Camp
© Shutterstock / lo_409

도움을 주신 분들

Hong Kong Riana Chow, Savio Chow, Wilson Kwok, Amanda Parker, Winnie Wong, Nicholas Pegna, Eric Desgouttes, Vincent Cheung, Yuda Chan, Johnny Chan, JD Lee, Jane Lee, Young Ah Choi, Christian Decharnace, Gene Reilly, Mika Sugitani, Morgan Sze, Bobbi Hernandez, Ted Powers, Victoria Powers, Chris Robinson, Nigel Bruce, Michael Shum, Barry Burton, TK Chiang, Madelaine Stellar, James Lim, Randy See, Jacques Boissier, Moses Tsang, Angela Tsang, Paolo Pong, Alvin Leung, Claire KH Nam, Janny Lo, Mamta Singh, John Koo, John Chow, KK Wong, Edward Fung, Catherine Kwai, Felipe Santos, David Webster, Patricio de la Fuente Saez, Michael Brady, Pinky Brady, Judy Leissner, George Ho, Lionel Fischer, Francis Gouten, Joanne Ooi, Gus Liem, Sarah Wong

Taipei Hsueh Sung, Stella Sung, Wood Chan, TS Tsai, Aileen Lan, David Liu, Joseph Li, William Hsu Jr, Joseph Pi, Patrick Hsu, Raymond Lin, Yvonne Lin

Seoul Seh Yong Lee, Sohn Hyun Joo, Yong Shin, Johnathon Yi, AK Yoo, Hi Sang Lee, Hyun Min Seo, Tony Chey

Singapore & Kuala Lumpur Ch'ng Poh Tiong, NK Yong, Melina Yong, Ignatius Chan, John Lo, Alyce Lo, Goh Yew Lin, KF Seetoh, Don Tay, Teng Wee Jeh, Lee Mei Li, Desmond Lim

Bangkok Nick Reitmeier, Tom Chatjaval, Ross Edward Marks, Norbert Kostner, Kim Wachtveitl, Bo Lan, Dylan Jones, Ian Kittichai, Sarah Chang, Bernie Cooper

Shanghai & Beijing Fongyee Walker, Edward Ragg, Frank Yu, Handel Lee, Marcus Ford, Andrew Bigbee, Andrew Leung

Mumbai Sanjay Menon, Jasjit Singh, Shahid Sous, Vivek Agarwal, Nina Agarwal, Rajeev Samant, Hemant Oberoi, Vishal Kadakia, Magandeep Singh

Tokyo Fumiko Arisaka, Yuka Kudo, Hayato Kojima, Mika Sugitani, Yasuhisa Hirose, Shigekazu Misawa, Ayana Misawa, Natsuko Honda, Seiji Yamamoto, Mamoru Sugiyama, Yumi Tanabe, Hiroki Matsumoto, Naoko Sakuda

I would also like to thank the following photographers who were vital to adding the wonderful visual elements to the book: the first-rate team at Red Dog Studios led by Timon Wehrli and Kate Yee for their fabulous food photography. The amazing Vincent Tsang and his team at Why Envy Photography for the incredible photographs they took for the Asian Palate cover as well as my portraits throughout the book. The following restaurants and their friendly, generous staff went out of their way to provide many of the delicious dishes which were photographed and included in the book – thank you for being a part of *Asian Palate*!

Bombay Dreams, Dining Concepts Limited Garry Bissett, Ashu Bisht, Celia Cheng

Chili Club S. Lau

Myung Ga Korean Restaurant Young Mi Choi, Jon Tsang

Nadaman, Island Shangri-la Ilona Yim, Wilson Qian

Satay Inn, City Garden Hotel Ellen So

Spring Deer Restaurant Kee Shun Chan

Ye Shanghai, Elite Concepts Damien Chang, Adwin Lau

Yung Kee Restaurant Enterprises Ltd. Kin Sen Kam, Ronald Kam, Yvonne Kam, Michael Kam

Special thanks Daniel Chui, Doris Ho, Michael Lau, Liza Lee, Monica Kong, Ma Ming Man, Glendy Sun, May Yu